哪一個才正確？

幸福貓咪就要這樣養！

獸醫NYANTOS 著 OKIEIKO 插畫

前言

與貓一起生活時，您可能會遇到各種「搞不懂！」的狀況。

例如應該選擇哪種飼料？

應該把貓砂盆放在哪裡？

為什麼牠們半夜會到處跑？

疫苗和健康檢查真的有必要嗎？等諸如此類的問題。

尤其是對於第一次養貓或打算養貓的人來說，

貓咪可能處處都讓人搞不懂。

為了貓咪的幸福，

您在網路或社群媒體上查詢了生活習慣、疾病、心情等相關資訊，

可能依舊會不太明白，或者很難判斷這些資訊是否正確，

導致問題無法解決。

這本書由既是獸醫師、研究員，

也是貓咪飼主的NYANTOS所撰寫，

精選了在與貓咪生活中飼主需要了解的重要資訊，
並以問答方式呈現。
透過引用大量文獻和論文，
書中充滿了以科學根據為基礎的健康管理要點、
與貓咪的溝通方式、貓咪行為的意義等正確知識，
幫助您讓愛貓變得更加幸福。
此外，與兩隻貓共同生活的插畫家ＯＫＩＥＩＫＯ
也為本書繪製了漫畫。
希望您能在輕鬆愉快的氛圍中學習貓咪的相關知識。
真心期盼這本書能幫助您創造出，
讓愛貓覺得「來到這個家真是太好了」的每一天。

獸醫ＮＹＡＮＴＯＳ

序章漫畫

初次見面，我是插畫家OKIEIKO。
和兩隻貓咪小魚跟大米一起生活中。
SHIRASU
OKOME
為了你們的伙食費，我得好好工作才行啊～
哦
喂！別鬧！
躺下
為什麼每次我要工作，你們就要跳到電腦上呢～
起身
啊！大米突然衝出來了！
jump
jump
這是「便便狂奔」的節奏啊！

嗯～
貓咪的謎樣
行為也太多
了吧……
啊，
你是……！
讓我來告訴你
原因吧。
我是在某研究所
對貓咪行為
進行研究的獸醫
NYANTOS。
關於貓的事情，
當然還是
問貓咪最好啦！
雖然嚴格來說
我並不是貓……
了解貓咪的心情，
能讓你和愛貓
相處得更融洽哦！

登場人物與貓

獸醫NYANTOS
既是獸醫師
也是研究員
還是喵醬的飼主
喵醬
11 歲 ♂
OKIEIKO
和兩隻貓咪
小魚、大米
一起生活的插畫家、漫畫家
小魚
7 歲 ♀
大米
6 歲 ♀

目錄

第1章 與貓咪生活中的「哪一個才正確？」

第2章 貓咪心情和謎樣行為的「哪一個才正確？」

第3章 貓咪健康管理的「哪一個才正確？」

第1章

與貓咪生活中的「哪一個才正確？」

為了與貓咪生活，
您需要了解的事項，
包括飼料、貓砂、
日常護理和環境等等……
獸醫師兼愛貓的
「貓奴」NYANTOS老師，
整理了希望傳達給
飼主們的重要資訊。
目標是將問題全部答對！

乾飼料和濕食哪個比較好呢？

A 乾飼料

B 濕食

C 兩者都給予是比較好的

貓咪飼料主要有乾飼料（脆餅）和濕食（罐頭或袋裝）兩種類型。對於愛貓的健康來說，哪一種比較好呢？

Ⓒ 兩者都給予是比較好的

乾飼料和濕食要……

小魚是乾飼料派

乾飼料派

濕食派

大米是濕食派

NYANTOS老師的解說

乾飼料和濕食的「混合餵食」

乾飼料最大的優點是「價格便宜且方便」。乾飼料被定義為「水分含量低於10%的顆粒狀寵物食品」。由於經過乾燥處理，可以抑制細菌和黴菌的滋生，開封後也不容易變質，方便餵養。而且價格比濕食便宜，更具經濟效益。

然而，**乾飼料的缺點是水分含量少，會增加尿路結石或突發性膀胱炎等下泌尿道疾病的風險**。實際上，研究尿管結石的風險因子時發現，以乾飼料為主食的貓，罹患尿管結石的風險比以濕食為主食的貓高出15.9倍。

另一方面，**濕食的水分含量高達70%至80%以上，因此能有效地補充水分。而且，由於水分多，熱量較低，適合預防肥胖。一般來說，濕食更受貓咪喜愛，這也是一個優點**。許多貓咪喜歡柔軟的口感，而且濕食有更強的飽腹感，因此滿足感也更高。

雖然濕食有許多優點，但也有一些缺點。就是保存期限較短，開封後即使放在冰箱保存，也必須在1至2天內用完。濕食的價格通常也比乾飼料高。

此外，最嚴重的健康缺點是濕食容易導致牙石堆積和牙齦炎。二〇〇六年的一項研究調查了9074隻貓的牙石、牙齦炎以及下頜淋巴結腫大的情況，結果發現只餵食濕食的貓獲得了最高的分數。牙周病不僅影響口腔健康，還會增加慢性腎臟病等全身性疾病的發病風險，因此不可輕視。

那麼最終來說，究竟是乾飼料還是濕食更好呢？由於牠們各自有優缺點，所以無法一概而論。**因此，我推薦一種稱為「混合餵食」的方法。**

透過結合兩者的優點，可以減少牠們的缺點。比如，上班前可以放置乾飼料一整天，回家後再餵濕食。進行混合餵食時，最好選擇同一品牌的對應產品，這樣效果更佳。

關於餵食貓咪飼料的方式，哪一種是正確的呢？

Ⓐ 給予標示了「綜合營養食品」的飼料

Ⓑ 無論年齡，盡可能持續給予相同的飼料

在貓咪的日常健康管理中，飼料的選擇非常重要。然而，市面上有各種各樣的貓咪飼料，考慮到愛貓的喜好和健康狀況，確實會讓人不知該如何選擇。

答案

Ⓐ 貓咪飼料要……給予標示了「綜合營養食品」的飼料

NYANTOS老師的解說

選擇營養均衡的「綜合營養食品」

市售的貓糧有「綜合營養食品」、「一般食品」和「處方食品」等標示分類。一般食品通常是指高嗜口性的小吃或零食。這類食物無法提供貓咪所需的全部營養素，因此只能作為獎勵或是增進互動時使用。主食則應該選擇綜合營養食品，這類食品包含了維持貓咪健康所需的均衡營養。

然而，根據海外的研究，即使標示為綜合營養食品，有些貓糧實際上並未達到營養標準。因此，我們獸醫通常會推薦可信賴的大型品牌貓糧（如法國皇家和希爾思等，參見第233頁）。

標示為「處方食品」的貓糧，是專門為貓咪生病時提供治療支持的食品。透過餵食處方食品，可以延長患有慢性腎臟病的貓咪的壽命，或幫助溶解某些種類的尿路結石。

像這樣，處方食品的效果非常顯著，因此如果給予錯誤的方式，反而可能會使貓咪的健康狀況惡化。儘管處方食品的效果如此之好，但問題在於它可以輕易地在網路或家居中心購買到。然而，飼主絕對不能自行判斷並餵食處方食品，一定要在獸醫師的指導下進行，這一點務必要記住。

此外，**長期餵食同樣的飼料也不是很理想。這是因為隨著年齡增長，貓咪所需的營養素和熱量會有很大的變化。**一般來說，貓咪在10歲左右是最容易發胖的時期，但超過14歲後則會轉變為容易消瘦的體質。因此，隨著體重和體型的變化，逐步切換到較高熱量的貓糧，並根據生命階段（參見第156頁）的變化調整飲食內容，這樣才是最理想的做法。

此外，隨著年齡增長，貓咪可能會患上慢性腎臟病（參見第200頁）等疾病。在這種情況下，就需要重新檢視包括處方食品在內的飲食內容。定期進行健康檢查，並與主治醫生商量後決定最適合的飲食內容，這樣是最理想的做法。

關於貓糧的原料，有哪些應該注意的重點呢？

A 是否不含穀物

B 是否為人類可食用等級

C 不需要過度拘泥於此

「不含穀物」指的是不使用小麥、玉米、黑米、燕麥、大麥、米等穀物製作的貓糧。而「人類可食用等級」則是指使用人類可食用水準食材所製成的貓糧。

Ⓒ 不需要過度拘泥於此

貓糧的原料是……

今天也吃得很好呢。

NYANTOS老師的解說

沒必要執著於不含穀物或人類可食用等級的標準

最近，尤其是在網路上，越來越多資訊傳播著應該給貓咪餵食「不含穀物」或「人類可食用等級」這類，對原材料有高標準要求的貓糧。然而現階段並沒有證據顯示，這類貓糧在健康維持方面比其他貓糧更優秀。

支持不含穀物貓糧的主要理由，是基於「野生的貓不吃穀物，因此對貓來說，穀物是有害的」這樣簡單的觀點。但野生動物的飲食，是否對某種動物來說就是完美的營養組成，這理論本身並不一定成立。實際上，即使是完全肉食性的貓，如果穀物經過加水加熱（糊化）處理後，也能在體內被順利吸收，進而成為良好的能量和營養來源。

另外有關貓容易對穀物過敏的資訊也時有所聞，**但實際上貓對肉類過敏的情況更為普遍，穀物過敏則相對少見。**

此外，由於無穀物飼料主要使用動物性蛋白質，因此磷的含量往往較高。高磷飲食已被證實會加速慢性腎臟病的進程，因此可能不適合老年貓咪食用。

※糖尿病發病後，建議在獸醫師的指導下，提供限制碳水化合物的處方食品。

有關貓糧中所含的穀物（碳水化合物）會導致糖尿病的說法也是沒有根據的。**貓咪糖尿病的主要原因是肥胖。相反地，一些無穀物貓糧因為以脂肪代替碳水化合物，可能導致高熱量，因此需要注意**（碳水化合物為4㎉/g，脂肪則為9㎉/g，所以高脂飲食更容易導致熱量過剩）。

人類可食用等級的食物雖然宣稱食材品質較高，但與其他貓糧相比，並不一定在品質或營養價值上更為優越。這是因為貓咪作為完全肉食動物，其飲食需求與雜食的人類有很大不同。例如，人類不喜歡的血腥味魚肉對貓來說卻是一種高營養的食材。

說起來，無穀物或人類可食用等級等詞彙，主要是為了吸引消費者，是種讓人感覺「看起來更健康」的促銷手法，因此不必過於拘泥於原料。選擇值得信賴的製造商所產的貓糧、符合愛貓生活階段的營養組成和卡路里，並避免使其過胖才是最重要的。

乾貓糧的正確保存方法是？

A 保存至密閉容器中並存放於冰箱

B 以原包裝常溫保存

開封後的乾貓糧（脆餅）應如何保存？為了保持美味和安全，有一些簡單的保存方法技巧。

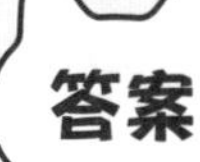

B 以原包裝常溫保存

貓糧的正確保存方法是……

來整理一下，把貓糧換到漂亮的容器裡。

NYANTOS老師的解說

乾貓糧應該直接用原包裝袋保存

很多人會將乾貓糧換到其他容器中保存，但基本上沒有這個必要。因為**製造商已經研究過如何用包裝袋來保持食物的品質和風味，所以建議直接用原包裝保存**。如果包裝袋沒有拉鍊，可以使用食物夾等工具將袋口夾緊保存。

然而，若是大容量包裝的話，開封後過一段時間可能會因為氧化導致貓咪食欲減退，甚至影響健康。**我們常常會選擇更划算的大包裝，但建議購買能在一個月內吃完的分量比較好。**

即便如此，如果貓咪的食欲還是變差，建議可以將飼料分裝到較小的容器中，從中取出餵食。這樣可以減少開袋次數，並防止飼料氧化。

但是，塑膠製的保存容器可能會降

低飼料的風味，因此建議使用玻璃製的密封容器。此外，帶拉鍊的聚乙烯保存袋會有氧氣通過，無法有效防止氧化，請特別注意。

再者，**不可將乾貓糧放在冰箱保存。因為取出和放入時的溫度差會導致結露，進而容易產生霉菌。應該選擇溫度變化較小的地方，避開高溫潮濕和直射陽光來保存乾貓糧。**

關於濕貓糧，未開封前可以像乾貓糧一樣，避開高溫潮濕和直射陽光，並在常溫下保存。開封後，由於容易變質，應該放在冰箱裡保存，並盡量在當天或最遲第二天內食用完畢。

在餵食時，建議使用微波爐將食物加熱至約37～40℃（比體溫稍微溫暖的溫度），這樣可以增加貓咪的食慾。但要注意，過度加熱可能會造成燙傷的風險，反而讓貓咪食慾不振。

推薦的零食類型是什麼？

A 乾燥類（脆餅零食）

B 糊狀類

給貓咪零食時，飼主掌握好時機非常重要。不要在貓咪討食的時候給，而是要作為「獎勵」來餵食。那麼，應該選擇哪種零食呢？

B 糊狀類

推薦的零食類型是……

推薦給糊狀類的零食

給貓咪的零食比較推薦像「CIAO啾嚕肉泥（第234頁）」這樣的糊狀零食。因為這種類型的零食不僅深受貓咪喜愛，且大多數的熱量較低，不易成為肥胖的原因。此外，這類零食含有大量水分，因此對於預防泌尿系統疾病、便祕以及中暑也具有良好的效果。

另一方面，乾燥型的零食相比於糊狀零食，熱量稍高，這一點需要注意。然而，也有一些乾燥型零食具有牙齒清潔的效果，因此可以考慮與益智玩具（第47頁）搭配使用。

選擇牙齒清潔用的零食時，應選擇帶有美國獸醫口腔衛生協會（VOHC）認

證標誌的產品。這些帶有認證標誌的零食已經證實對控制牙菌斑和牙石的積累有一定的效果。

給零食的時機也是有技巧的。那就是在貓咪完成爪子修剪、在正確的地方磨爪子，或者在動物醫院勇敢接受檢查等值得讚賞的時候，給予零食作為獎勵。

實際上，給予零食等獎勵的家庭中，貓咪在適當的地方磨爪子的概率較高。我家貓咪依賴心比較重，所以我會在牠努力獨自在家時，給予牠零食作為獎勵。

如果在貓咪向你撒嬌的時候給予零食，可能會導致牠的撒嬌行為變得更加嚴重，或者變成挑食的貓咪。這樣的話，一旦生病時可能會不願意吃處方食品，從而無法接受最適合的治療，因此需要注意。

給予零食的量應保持在每天所需攝取熱量（體重×30＋70kcal）的5%左右，以確保安全。舉例來說，體重4公斤的貓咪，計算方式為4×30＋70＝190kcal，這樣5%就是9.5kcal。

推薦的食器類型？

Ⓐ 口徑較寬的

Ⓑ 底部較高的

貓咪的鬍鬚是高感度的感應器。貓咪在吃飯或喝水時，鬍鬚會觸碰到食碗的側面，這可能會造成不舒服的感覺，這種現象被稱為「鬍鬚壓力」或「鬍鬚疲勞」。但這些說法是否有根據呢……？

B 底部較高的

推薦的食器類型是……

貓咪的食器有很多各式各樣的形狀呢。

NYANTOS老師的解說

選擇食器時要給貓咪多一點選擇的機會

關於貓咪鬍鬚壓力的某項研究中，對38隻貓咪進行了實驗。首先，拍攝了牠們使用平常食器吃乾飼料的樣子，然後在12小時後，使用對鬍鬚友善的平盤餵食乾飼料，並觀察牠們的進食情況。

結果顯示，在進食時間和食用的飼料量等方面，並未觀察到顯著的差異。另一方面，當將平常使用的食碗和對鬍鬚友善的平盤並排提供時，一些貓咪似乎偏好平盤，但這可能僅僅是因為對不同食碗產生了興趣，並未得到貓咪存在鬍鬚壓力的明確證據。

根據這些結果來看，選擇貓咪的食器時，鬍鬚是否接觸食器，其實可能並不是那麼重要。雖然貓的鬍鬚確實是非常敏感的感測器，但鬍鬚觸碰到食器的感覺不一定會造成不適（有些貓咪甚至會把臉貼在主人的杯子上喝水呢）。

不過，此次研究中包含了許多老年的貓咪，牠們可能已經習慣了鬍鬚接觸食器的情況，因此作者指出，仍需要進一步的研究來驗證這些結果。

選擇食器時還有其他需要注意的重點。這一點經常被忽略，但食器的高度也是非常重要的。**特別是對於高齡的貓咪來說，雖然程度不同，但幾乎所有貓咪都有關節炎，因此低頭彎腰的姿勢會對牠們造成負擔。此外，彎腰的姿勢會使食道彎曲，對腹部造成壓迫，容易導致嘔吐。**

因此，僅僅將食器提高一些，可能會讓高齡的貓咪更願意進食，或者改善吃得很快的貓咪在餐後嘔吐的情況。

食器的材質有很多種，但塑膠製的食器容易留下刮痕，也容易滋生細菌，因此可能成為貓咪粉刺（即貓的皮膚問題）的原因，需要特別注意。相比之下，陶製或瓷器製的食器不易刮傷，能夠保持更高的清潔度。

不論如何，最重要的是給貓咪提供選擇的機會。如果貓咪對目前的食器感到不滿，或者對於在地板上掉落食物而感到困擾，可以嘗試擺放各種食器，檢驗哪一種食器最受牠喜愛。

貓咪喜歡哪種貓砂？

A 礦物類

B 紙類

貓砂的種類有礦物類、紙類、木類、大豆渣類、濕性木屑或矽膠等。從減輕貓咪壓力和預防疾病的角度來看，選擇合適的貓砂非常重要。

Ⓐ 礦物類

貓咪喜歡的貓砂種類……

NYANTOS老師的解說

喜歡礦物類貓砂的貓咪佔多數

貓咪是非常挑剔的動物，如果對貓砂的觸感或挖砂的感覺不滿意，牠們可能會憋尿或在其他地方尿尿。這就像人類不願意使用公廁或是骯髒的廁所一樣。憋尿會增加尿路結石或突發性膀胱炎等下泌尿道疾病的風險，也可能會導致飼主和貓咪之間的關係緊張。此外，讓貓咪一直使用不喜歡的廁所會讓牠們感到不安，這實在讓人心疼。

貓砂的喜好確實會因貓而異，但「礦物類」的貓砂普遍受到貓咪喜愛。這一點在許多研究中都有數據證明。貓咪似乎偏好顆粒細小且有重量，更接近自然砂的貓砂。

另一方面，紙類或豆渣類的貓砂因為顆粒較大且輕，所以人氣不高。這可能是因為貓咪對於肉球觸感或砂的刮拭感不太滿意。此外帶有格柵的「系統式廁所」對飼主來說可以減少清理的麻煩，非常方便，但貓咪的接受度似乎較低。

根據日本獅王的一項實驗，讓10隻貓咪比較5種貓砂的使用次數，結果為礦物類21次、木類7次、豆渣類3次、木類（系統式廁所用）2次、紙類1次。

因此，如果您遇到了貓咪如廁失敗等問題，並且目前使用的是礦物系以外的貓砂，我建議您可以嘗試使用一次礦物系貓砂。由於貓咪的喜好因環境和經驗不同會有所差異，這並不一定適用於所有貓咪。建議您可以嘗試不同的貓砂來找到最適合您貓咪的選擇。

當引入新的廁所或貓砂時，可以使用「廁所自助餐」的方法，讓貓咪選擇最適合牠們的廁所和砂。廁所自助餐是指準備多個廁所和貓砂，讓貓咪自行選擇牠們喜歡的廁所，並且保留現有的廁所，在附近設置新的廁所。如果貓咪喜歡新的廁所，牠們自然會增加使用次數，便可以逐步過渡到新的廁所。

房間的佈局中不適當的點是什麼？

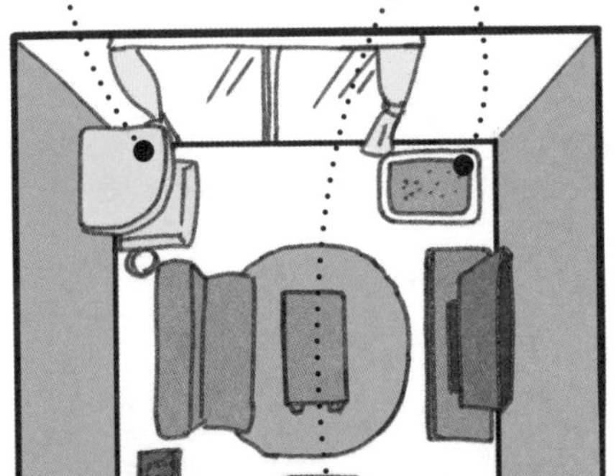

這個房間裡的貓用品有食物、飲用水、廁所、貓跳台及貓抓板，其中有一個是不合適的點。

食物

房間佈局中的不適當的是……

食物、飲用水、廁所、貓跳台、貓抓板的位置

為了打造讓貓咪感到舒適的生活環境，以下五個重點值得注意。不過，這只是一般的建議，每隻貓的喜好都可能不同。貓咪是個性豐富的動物，所以可以多做嘗試，努力為愛貓創造一個最合適的房間吧！

①**食物**……將貓咪的食物擺放在遠離貓砂盆的地方。就像我們人類一樣，貓咪也希望能將食物區和排泄區域分開。此外，還要注意避免貓砂飛散到食物上，弄髒貓咪的食物。

②**飲用水**……水碗應該放在不同的地方。不僅要放在食物旁邊，還要放在貓咪喜歡休息的地方附近或臥室等多個位置。水分補充對貓咪的健康至關重要，所以應該營造一個貓咪隨時可以輕鬆喝水的環境。

③**廁所**……應將貓咪的廁所設置在不顯眼或安靜的地方。然而，請避免將廁所放在冬天會寒冷的走廊等地方，因為感覺冷時可能會讓貓咪忍耐不上廁所。可

以考慮將廁所放在像是客廳角落等飼主經常活動的地方。另外，如果家中有多隻貓，廁所不要集中放置，應該分散配置。多設置幾個廁所，貓咪才能在沒有壓力的情況下自由使用。

④**貓跳台**……可以將貓跳台設置在房間的牆邊或窗邊。貓咪喜歡高處，可以選擇能夠俯瞰整個房間的位置，或者能欣賞外面景色的地方。此外，貓咪有時也喜歡與飼主保持同樣的視線高度進行互動，因此可以將貓跳台放在門口附近，讓貓咪可以等候飼主，或者放在沙發旁邊，這樣貓咪可以和飼主一起待在同一空間。

⑤**貓抓板**……貓咪會透過磨爪來進行標記，因此將貓抓板放置在房間的出入口附近或角落，牠們可能會更頻繁地使用。特別是公貓，通常有較強的領地意識。在這種情況下，許多貓咪更喜歡在較高的地方磨爪，像是柱狀的貓抓板或貓跳台上的麻繩部分，這些位置通常會更受牠們的喜愛。

如果要進行3天2夜的旅行，貓咪該怎麼處理？

Ⓐ 讓貓咪在家裡獨自看家

Ⓑ 把貓咪寄放在寵物旅館或動物醫院

Ⓒ 帶貓咪一起出門

即使內心想著「不想與愛貓分開片刻！」，但有時因為家庭旅行、返鄉探親或出差，不得不離開家。在這樣的情況下，哪種方式能讓貓咪最無壓力地度過這段時間呢？

讓貓咪在家裡獨自看家

當要進行3天2夜的旅行時……

明天要出差了……

雖然已經拜託別人幫忙照顧貓咪了……

？？

NYANTOS老師的解說

如果是3天2夜的旅行的話，讓貓咪在家看家壓力會比較小

貓咪是喜歡在自己的領域內悠閒度日的動物，牠們不喜歡環境的變化。因此，將貓咪寄放在像寵物旅館或動物醫院這樣的不熟悉的地方，或是帶牠們一起旅行，都會對牠們造成很大的壓力。

基本上，如果只是1～2晚，讓貓咪在家裡獨自看家會比較好。如果需要外出3個晚上以上的長時間，也可以請家人或朋友幫忙照顧貓咪的廁所和食物，或是利用寵物保姆的服務。這樣盡量保持與平時相同的環境，對貓咪來說，負擔會比較小。

不過，如果貓咪需要定期處置，例如糖尿病或慢性腎臟病等情況，則可能需要將貓咪送到動物醫院等地方照顧，這時候應該與主治醫生充分商量。

貓咪可能給人一種擅長獨處的印象，但最近由於完全室內飼養的普及，與主人之間的距離變得更近，讓一些寂寞的貓咪變多了。在獨處期間，如果貓咪不停叫喚尋找主人，或者在除了廁所以外的地方尿尿、損壞物品，這些行為可能是由「分離焦慮症」引起的。分離焦慮症尤其在已去勢的公貓中較為常見，此外，搬家或迎接新貓等壓力也可能會引發這些症狀。

為了稍微減輕貓咪在獨處時的壓力，推薦使用益智玩具。益智玩具是一種遊戲，貓咪需要從玩具中取出零食或食物，這模仿了貓咪的捕食行為。貓咪擁有狩獵本能，所以「動腦吃東西」的行為似乎有助於減少壓力和提高滿足感。實際上，也有報告指出，使用益智玩具可以減輕由分離焦慮症引起的問題行為。

使用益智玩具進行的飲食方法，也是美國貓獸醫協會（AAFP）和國際貓醫學會（ISFM）制定的指導方針中所推薦的方法。這種方法不僅對於獨處時的貓咪有益，還有助於緩解由失智症引起的問題行為、廁所失敗以及對同住貓咪的攻擊行為等，期望能帶來各種好處。

其他的看家對策包括放置帶有主人氣味的衣物或毛毯、自動餵食器用來按平常的時間提供食物等方法，也建議多準備一些飲用水和貓砂。

去醫院時的貓咪外出籠用哪一種比較好？

A 塑膠製的箱型款

B 布製的背包款

貓咪外出時必備的實用物品就是貓咪外出籠。市面上有各種材質、形狀的產品，也有時尚可愛的款式，但去動物醫院時最適合的選擇是……？

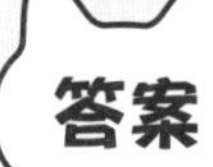

A 塑膠製的箱型款

去醫院時的外出籠比較推薦……

NYANTOS老師的解說

去醫院時建議使用塑膠製的箱型外出籠，災害時逃生則選擇背包型

去動物醫院看病時，推薦使用上方可以完全打開的塑膠製箱型外出籠。因為如果是只開一個方向的外出袋，在診斷或處理時，可能會需要強行拉出貓咪。

另外，背包型通常是布製的，所以容易被爪子勾住，而且開口不夠大，手進入的空間狹窄，因此在取出不願意合作的貓咪時會非常困難。在這樣的情況下，貓咪的緊張情緒可能會上升，甚至無法進行診斷的情況也經常發生。

如果使用像左頁圖示的那種籠子，從上方蓋上毛巾或毯子，便能夠慢慢地取出貓咪，這樣可以減少貓咪亢奮的情緒，並且更容易進行診斷。特別是對於那些非常不喜歡去醫院甚至會暴走的貓咪，這種類型的籠子能夠減少負擔，也有助於擴大可以檢查和治療的範圍。

此外，**平時讓貓咪習慣使用外出籠，能夠減少去醫院或診察室的壓力。**根據研究顯示，進行籠子訓練能降低去醫院時車輛移動的壓力分數，使診察變得更加順利。以下的步驟是重點，逐步進行，切勿急躁。

①把外出籠的門打開並放在房間內
②在外出籠裡給予零食或餐點
③貓咪習慣了外出籠後，試著關上外出籠的門
④延長關門的時間
⑤抬起外出籠，在室內四處走動

順帶一提，背包式的寵物籠雖然不適合用於就醫，但因為雙手可以空出來，所以在災害時的避難中非常推薦。

如果能夠分別用於就醫和避難，那就更理想了！

貓咪需要貓草嗎？

A 應該積極地給予

B 沒有必要強迫牠們吃

貓咪是肉食性動物，但很多貓咪似乎都喜歡吃貓草。那麼貓草到底有什麼作用呢？為了健康應該讓貓咪吃嗎？

B 沒有必要強迫牠們吃

貓咪需要貓草嗎……

NYANTOS老師的解說

貓草並不是一定要給的

貓草主要是指大麥或燕麥等對貓咪無害的植物的總稱。這些貓草在家庭用品商店等地方都有販售，也有賣栽培套組。

實際上會給貓咪吃貓草的飼主不算少數。

為什麼貓是完全的肉食動物，卻會吃草呢？雖然這個問題的確切答案尚未完全明瞭，但有一個有力的說法是，在貓還是野生動物的時候，牠們會吃草來誘發嘔吐，以便將攝取獵物後無法消化的部分（如毛髮或骨頭等）從胃中排出。根據最近的研究顯示，吃草後嘔吐的貓實際上僅佔了2～3成，因此吃草並不僅僅是為了引起嘔吐。

有一種說法認為，黑猩猩等靈長類會吃無法消化的草來促進腸道蠕動，藉此保護自己免受寄生蟲的侵害。而貓吃草的行為，可能是牠們過去透過促進腸道蠕動來排出寄生蟲的習性所遺留下來的現象。

現代的貓咪因為吃著貓飼料，遠離了寄生蟲的威脅，所以貓草並非必需品。不過為了預防便祕或為了幫助貓咪吐出毛球，適時的提供貓草是沒問題的。

然而，如果是為了預防毛球，定期給貓咪梳毛，盡量避免牠們嘔吐，這對貓咪來說會更溫和。而若是預防便祕，使用濕食或處方食品會更有效果。因此，可以認定貓草並沒有什麼極大的好處。

另一方面，貓草對健康沒有負面影響，所以如果貓咪喜歡這種口感，給牠吃也沒問題。如果貓咪大量食用或頻繁嘔吐，建議還是要限制給予的量。

最需要注意的是，像貓草這樣貓咪可以安全食用的植物只是少數，有很多植物對貓來說是有毒的。據說有超過700種植物對貓咪有害。

特別是百合科植物，僅僅是喝了花瓶裡的水或稍微咬了幾片葉子，就可能導致急性腎衰竭，甚至致命。如果要給貓咪貓草，一定要選擇作為「貓草」銷售的產品。

貓最常見的誤食事故原因是什麼？

A 人類的食物

B 線狀異物

貓經常會誤食危險物品，這種誤食事故非常普遍。根據東京大學的研究，貓的問題行為中，「異食」（吃不該吃的東西）最為常見，超過30%的飼主都因這個問題而煩惱不已。

B 線狀異物

貓最常見的誤食事故原因是……

啊！地板上滾著的那個是……
吃到一半的巧克力！

真是的！
太危險了……如果貓吃了，一定會出大事的……

咦？大米嘴裡露出一根線？
咬咬

啊!!
啊，是玩具的斷線！
那也很危險！

NYANTOS老師的解說

線狀物是貓咪最常誤食的物品

貓很容易發生誤食事故。根據在社群媒體上進行的調查，最常見的誤食物品是「細繩」。線狀異物非常危險，可能導致腸道撕裂或壞死，進而在腹部引發嚴重的炎症，甚至危及生命。

實際上，有研究結果顯示，線狀異物的存活率比其他異物更低。尤其像是緞帶、塑膠袋、衣物上的繩子或線、帶有縫針的線等，這些異物最為常見，需要特別注意。最近，口罩繩子的誤食案例也逐漸增加。

在線狀異物（約30％）之後，排名第二的是玩具（約13％），接著是帶有食物氣味的異物，如鰹魚片的袋子或吸收肉汁的紙巾（約10％）、布製品（約8％）、塑膠（約7％）、以及像拚接墊之類的橡膠製品（約7％）。

特別是，以老鼠形狀製成的玩具，因為容易被整個吞進入腸道而造成堵塞的情況頻繁發生，非常的危險。此外像釣竿型玩具的繩子部分或貓玩具的裝飾部分，也很容易被貓吞食。

為了防止事故發生，避免將繩子或玩具放置在貓咪可以接觸到的地方是非常重要的。然而，如果不慎發生誤食，務必立即聯繫您的主治獸醫進行諮詢。即使貓咪看起來精神良好且有食慾，也不要依賴「等到排便後再觀察」這種自我判斷。尤其是以下情況，可能會導致危險發生：

- **線狀的異物（特別是細長的物品）**
- **大型或大量誤食的情況**
- **縫針、釣魚線或像骨頭一樣尖銳的物品**
- **具有彈性的橡膠產品等**
- **對貓有毒的物品（如人類藥物或補充劑、百合科植物等）**

即使不能確定是否誤食，也最好以有誤食的可能性來判斷。如果出現劇烈嘔吐、吐不出來而靜止不動、突然變得沒有精力或沒食慾等症狀，誤食的可能性就很高，需儘快就醫。如果貓咪頻繁地誤食，可能需要行為診療科（專門處理問題行為，接近動物精神科）的治療，應首先諮詢主治醫生。

家裡哪些地方容易發生貓咪事故？

A 浴室

B 廚房

雖然家裡比外面的世界安全許多，但仍有可能發生重大傷害或危及生命的事故。貓咪充滿好奇心，可能會做出超出飼主預期的行為，因此了解常見事故並做好對策非常重要。

A 和 B 都是

容易發生事故的地方是……

NYANTOS老師的解說

注意浴室和廚房的事故

家中最容易發生事故的地方就是浴室。特別是當小貓或年輕的貓跳上浴缸蓋時，蓋子可能會鬆動，導致貓咪掉入剩下的水中。浴缸表面溼滑，一旦掉進去，自行爬上來是非常困難的。

另外，浴室清潔時使用的霉菌去除劑等含氯的清潔劑對貓咪有害。甚至有報告顯示，貓咪在靠近清潔過程時就可能出現呼吸系統或心臟肌肉問題。更有趣的是，貓咪似乎對氯的氣味很感興趣，有時會表現出類似於碰到木天蓼的反應。在清潔浴室時，應該把貓咪隔離開來，並確保良好的通風。

另外也有過貓咪待在洗衣機中放鬆時，主人沒有發現還進行洗衣的事故。特別是滾筒式洗衣機，因為貓咪容易進入，所以需要特別注意。同樣的事故也發生在乾燥機中，已經有報告指出貓咪因為重度中暑而受到傷害。

廚房也需要特別注意。貓咪可能會去翻垃圾（例如：零食袋、沾有肉汁的布料或繩子），誤食排水溝網，或者在嘴裡咬著筷子跳下來而刺到喉嚨等事故。此外還有報導指出，飼主外出時，貓咪踩到爐子的開關，點燃了爐子造成火災，甚至因此喪命的情況發生。使用帶蓋的垃圾桶，不留下筷子和刀具，並關閉爐子的閥門或使用鎖定功能等措施是非常必要的。

在客廳中發生的事故主要包括貓咪在窗簾或貓跳台上抓爪，導致爪子折斷、骨折或脫臼等情況。雖然修剪爪子是件麻煩事，但請不要怠慢，要定期修剪（參見第66頁）。此外，貓籠或金屬架上也容易發生類似的事故，這些事故經常導致嚴重受傷，因此需要特別注意。應該設法防止貓咪爬上籠子頂部，並在架子上鋪設板子以防止貓咪的腳被卡住。

此外，從陽台掉落的事故也很常見。這種情況被稱為「貓咪高樓症候群」。即使在高層樓層，貓咪也可能會自行跳下來。**有資料顯示，即使是從二樓掉下來也可能導致死亡。因此不要過於自信地認為「貓咪的運動神經很好」或「我的貓咪沒問題」，應該避免讓貓咪接觸陽台。**

「我家的貓咪不喜歡剪指甲」正確的應對方式是？

Ⓐ 盡量一次完成，以減少負擔

Ⓑ 趁貓咪睡覺的時候，剪1～2根

貓咪會磨爪子所以不需要剪指甲，這樣的說法並不正確。為了防止受傷，剪指甲是必須的，但許多貓咪對此感到不適。

B 趁貓咪睡覺的時候，剪1～2根

不擅長剪指甲的貓咪……

NYANTOS老師的解說

剪指甲時以不勉強的速度，每次剪1～2根

在與貓咪生活時，必須定期修剪爪子。如果爪子過長，不僅會對飼主或其他貓咪造成傷害，還可能會把爪子掛在窗簾或貓跳台上，導致爪子斷裂、脫臼或骨折等危險事故的發生。

修剪爪子的頻率會因貓咪的活動量和抓爪子的頻率而有所不同，但大致上每2～3週修剪一次是比較合適的。儘管如此，並不需要過於拘泥頻率。**只需在貓咪跳上膝蓋或抱起來時，隨時檢查一下爪子，如果發現爪子長了，就進行修剪即可。**

修剪爪子時，要注意不要修剪到有血管

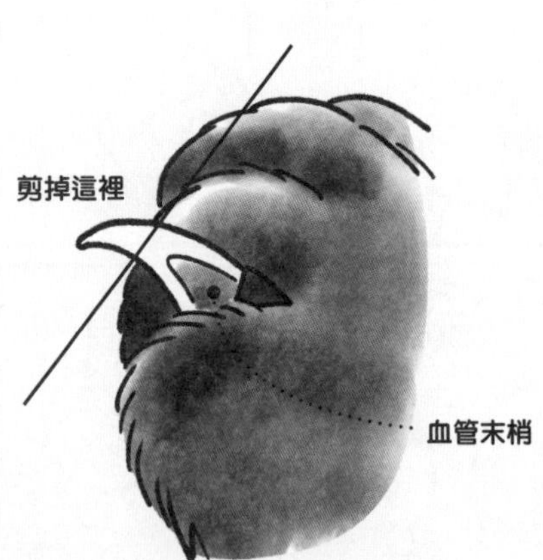

和神經的「血管末稍」（Quick）。此外，我們常常會忽略前爪上的狼爪（即人類的拇指），所以要仔細檢查。高齡的貓咪容易出現捲爪的情況，容易刺入肉球，需特別注意。

如果貓咪討厭剪指甲的話，也不必一次剪完所有的爪子。在貓咪看起來昏昏欲睡或專注於零食的時候，利用這些空隙每次剪1～2根爪子就足夠了。應該按照貓咪的節奏，避免過度勉強。

如果實在無法控制暴躁不安的貓咪，那麼將剪指甲的工作交給動物醫院的專業人士也是一個選擇。

NYANTOS老師的一句話

你知道貓的肉球數量嗎？其實前腳和後腳的數量是不同的。前腳掌的肉球包括五個指球、一個大掌球，還有一個稍微分開的手根球，共計七個。而後腳掌則有四個趾球和一個足底球，共五個。由於貓的大拇指（狼爪）僅存在於前腳，因此肉球的數量是有所不同。

長毛貓咪的梳毛頻率？

A 每週1～2次

B 每天

除去廢毛和防止毛球的梳毛，是貓咪身體護理的基本。貓咪會自己進行梳理以保持身體的清潔，但飼主的梳毛也是必需的。

B 每天

長毛貓咪的梳毛頻率是……

NYANTOS老師的解說

短毛種每週梳1～2次，長毛種則需要每天梳毛

貓咪會自己舔毛進行清潔，但飼主的梳毛護理也是不可或缺的。對於短毛貓來說，梳毛頻率每週1～2次就足夠了。然而，對於春秋換毛期的貓咪或長毛貓，則需要每天進行梳毛。

如果忽略梳毛，毛球可能會在胃或腸道中積累，這點需要注意。梳毛還有助於促進血液循環，並且有助於及早發現腫塊等健康問題，所以應該養成習慣、持之以恆地進行梳毛。

梳毛用的毛刷有很多種類，在我們家常用的是FURminator除毛梳（第238頁）。對於短毛貓來說，橡膠類的刷子也很推薦。但對於長毛貓，因為容易形成毛球，所以有時需要使用梳子等工具來去除糾纏的毛髮。毛球容易出現在耳後、腋下、尾巴根部等難以自行清理的地方，因此需要仔細檢查。

如果貓咪不喜歡梳毛，可以慢慢讓牠們習慣。不要一次花太多時間，選在牠們放鬆或心情好的時候輕輕地進行。如果貓咪仍然不喜歡，可以使用手套式的橡膠刷子，或者用沾濕的手輕輕撫摸，也能去除掉落的毛髮。將刷子用於背部，手則用於臀部周圍，根據不同部位採用不同的方法也是很有效的策略。

如果你的愛貓在梳毛時顯得很享受，那麼請務必把這段時間當作增進感情的互動來享受。貓咪的互相梳理（彼此互相舔毛）也是一種愛的表現，所以透過梳毛來向你的貓傳達愛意也是非常重要的。

過度的梳理可能會讓貓咪反感，但適度地、充滿愛意地照顧牠，能夠加深與愛貓之間的感情！

貓咪洗澡的頻率應該是？

A 每一至兩個月1次

B 每半年至一年1次

C 基本上不需要洗澡

對狗來說，散步和洗澡都是必要的，那貓咪呢？很多貓咪討厭碰到水，但為了健康著想，貓咪真的有需要洗澡嗎？

貓咪真的需要洗澡嗎……

基本上不需要洗澡

說起來。

今年還沒有給貓咪洗過澡呢……

貓咪其實不需要洗澡

貓咪基本上不需要洗澡。這主要有兩個原因。

第一個原因是，**洗澡本身會對貓咪造成壓力**。如你所知，許多貓都怕水。這可能跟貓的祖先是生活在沙漠中的野貓有關。根據某些研究顯示，當貓咪被放入**水中時，牠們的血糖值和乳酸值——這些都是壓力的指標，會顯著上升。即使是那些看起來乖乖待著不動的貓咪，牠們可能是因為害怕而僵住了。**

第二個原因是，**貓咪花費大量時間在梳理自己，牠們能夠自行保持身體清潔**。如果仔細觀察貓咪的舌頭，會發現上面有許多細小的刺狀突起，這些突起像梳子一樣，可以清除污垢和脫落的毛髮。

不過，如果是在獸醫的指導下因為皮膚疾病的治療需要洗澡，或是因為糞便或尿液而變得

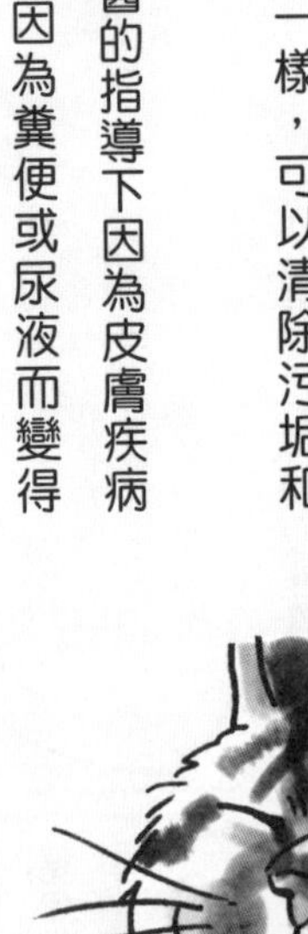

非常髒，那便是例外。在這種情況下，應使用不過熱、接近人體溫度的水來洗澡。如果貓咪討厭使用吹風機，可以不強迫使用，改為在溫暖的房間中自然乾燥會更好。

順便提一下，**有些人可能認為貓也需要像狗一樣散步，但實際上貓不需要散步。原因是貓有很高的脫逃風險。**由於貓的身體柔軟，即使是項圈或安全背繩，也可能輕易地鬆脫。

此外，貓基本上是喜歡在自己的領域內悠閒地度過的動物。對於在室內長大的貓咪來說，家裡就是牠們的領域，因此外面的世界，如車輛聲音或野貓的氣味，可能並不是牠們喜歡的事物。

另一方面，如果貓咪曾經在外面長大，牠們可能會頻繁地催促主人：「我要出去！」這種情況下，雖然要先考慮不讓貓咪出去的方法，但最終還是要帶牠們散步的話，要特別注意防止脫逃，可以使用雙重牽引繩或背心型的胸背帶，選擇沒有野貓或車流量少的路線，並進行疫苗接種和跳蚤、蜱蟲預防等感染症對策。

關於多貓家庭，哪個是牠們關係好的象徵呢？

A 互相為對方梳理毛髮

B 只有其中一隻貓在為對方梳理毛髮

貓咪天性上是獨自行動、很少成群結隊，且領地意識很強的動物。因此，在多貓飼養的情況下，需要仔細觀察貓咪之間的契合度，確保牠們不會因此感到壓力。

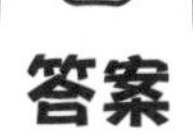

A 互相為對方梳理毛髮

多隻貓咪飼養時，關係好的象徵是……

NYANTOS老師的解說

互相梳理毛髮或是貼在一起睡覺，這些都是關係融洽的象徵

在多隻貓咪同時飼養的情況下，如果其他貓的存在成為壓力的來源，可能會引發膀胱炎等疾病，或者出現如廁失敗、過度梳理毛髮等問題行為。此外，有時地位較弱的貓可能會因為被地位較強的貓壓制，而無法自由進食或在自己的窩裡舒適地休息，這也會導致牠們的幸福感降低。

地位較弱的貓通常會表現出以下行為特徵。

- 當面對其他貓時，會將耳朵壓平或將尾巴夾在腿間（第104頁）
- 不與其他貓對視
- 壓低姿勢，發出「嘶」聲威嚇，並用貓掌攻擊（恐懼的表現）
- 經常躲在陰影處，或生活在遠離其他貓的地方

另一方面，地位較高的貓咪則顯得很自信，會主動去招惹其他貓或單方面地追趕牠們。牠們有時會驅趕試圖接近食物、廁所或睡覺區域的其他貓咪。

為了保護地位較低的貓咪，不應強行讓牠們靠近以期望促進友好關係。此外，當地位較低的貓咪因害怕而發出威嚇聲或揮出貓拳時，責罵牠們也並非明智之舉。**最好為貓咪準備比貓的數量多一個的食物區、廁所和睡床，並且分開擺放。提供多一些隱蔽處等個人空間，對於緩解牠們的壓力也會有幫助。**

即使沒有明顯的打鬥，貓之間也可能存在上下關係，而地位較低的貓咪可能會忍受生活中的不便。例如，**如果只有一隻貓會舔另一隻貓的身體，那麼被舔的貓通常被認為是地位較低的貓。而如果兩隻貓會互相舔對方（即進行相互梳理），則是牠們關係良好的象徵。**

此外，即使牠們睡在同一個床上，但若是彼此之間保持著一點距離，這可能代表牠們並不是特別親密，只是忍耐著共同使用喜愛的地點（當然如果牠們緊靠著一起睡覺，這便是關係良好的表現）。

提供一個讓所有貓咪都能舒適生活的環境是飼主的責任。要仔細觀察愛貓的狀況，了解牠們的相處情況，並採取適當的措施。

第2章

貓咪心情和謎樣行為的「哪一個才正確？」

當貓咪把尾巴豎起來
或用頭撞你的時候……
你是否了解愛貓的心情？
像是便便前後奔跑，
或是跟蹤你進浴室等
一些奇怪的行為，
NYANTOS老師
來為你解答！

為了讓貓咪喜歡你，應該注意什麼呢？

A 以飼主為主的溝通

B 以貓咪為主的溝通

愛貓可愛到讓人想要親近的心情是很正常的。然而，即使是非常喜愛飼主的貓咪，也可能有不想被觸摸的時候？

B 以貓咪為主的溝通

想要得到貓咪的喜愛……

飼主如果不掌握主導權，狗是不會聽話的。
哦，原來如此！

尊重貓咪的節奏，採取以貓咪為主的溝通方式

什麼樣的人會受到貓咪的喜愛呢？

與貓咪共度的時間對飼主和貓咪來說都是重要的。貓咪很重視自己的節奏，因此飼主過度關心或強行撫摸可能會成為貓咪的壓力來源。

例如有報告指出，在二〇二〇年新型冠狀病毒疫情時期的居家隔離期間，貓咪們的壓力性膀胱炎（突發性膀胱炎）增加了。

為了與愛貓建立良好的互動關係，我們來介紹一下由英國研究團隊制定的「CAT指導準則」。這個準則的名稱取自於Choice and Control、Attention、Touch的首字母C、A、T。實際上，有實驗結果表明，採用這個準則後，貓的行為有了良好的改善。請牢記CAT準則，並努力進行以貓為主導的溝通方式。

● **Choice and Control（給予選擇與主導權）**

與貓咪相處時，應該尊重貓咪的意願，讓牠們主動尋求接觸。可以伸出手，觀察貓咪是否會自己靠過來，並等待貓咪示意想被觸摸。如果貓咪沒有主動靠近，可能是牠不想被碰觸。此外貓咪在進食、睡覺或隱藏時，可能也不喜歡被打擾。

●Attention（注意貓咪的肢體語言和意圖）

貓咪表現出不喜歡的信號包括耳朵向後擺動、尾巴不停地拍打、或是不發出呼嚕聲而靜靜地待著。相反地，當貓咪伸直尾巴、在腳邊磨蹭，或者發出呼嚕聲並用前腳輕輕碰觸時，這是「請摸摸我」的信號。（第94～107頁）

●Touch（注意觸摸的位置和時間）

摸撫貓咪喜歡的地方，避免觸碰牠們不喜歡的部位（第92頁）。即使是在貓咪喜歡的地方，長時間撫摸也可能會突然被咬。在這種情況下，遵循「三秒原則」是比較明智的選擇。撫摸三秒鐘後，觀察貓咪是否會用身體靠過來表示希望繼續撫摸，從而判斷貓咪的滿意度。

貓咪用頭撞過來！這是什麼心情呢？

Ⓐ「讓開，別擋路～」

Ⓑ「好喜歡你～！」

當貓咪把額頭持續地靠在主人身上或手腳上，甚至用力撞過來時，或是給你來個「咚」的頭槌攻擊時，牠們的心情是什麼呢？

答案

B 「好喜歡你～！」

貓咪用頭撞過來時是什麼心情……

NYANTOS老師的解說

當貓咪用頭撞你時是標記領域或想要撒嬌的信號

貓咪用頭撞人是被稱為「頭部撞擊」（Head Bunting）的行為，這被認為是貓咪對飼主表達愛意和信任的信號。

貓咪會透過將臉部分泌的費洛蒙擦在物體上來進行溝通或標記。對飼主進行撞頭行為，可能是貓咪將飼主視為家人，並在表示「這是我的」的標記行為。

此外，貓咪的撞頭也表達了「想要被寵愛」或「希望被關注」的意思。雖然貓咪在長大前會離開母親，但現代的貓咪可能因為與飼主（即母貓）一起生活，仍然保留了幼貓的特徵。幼貓會通過撞頭或用臉摩擦來引起母貓的注意，因此成年貓對飼主也會用相同的方式表達想要被寵愛或希望被關注。

無論如何，貓咪的「撞頭」確實是一個「非常喜歡飼主！」的信號。為了回應這個信號，可以輕輕地撫摸貓咪的頭部、臉頰和下巴等分泌費洛蒙的部位。

不過，如果貓咪不是對飼主，而是對房間的牆壁或家具進行長時間的頭部按壓，這可能是危險疾病的徵兆。雖然看起來可能很可愛，但這是所謂的「頭部按壓」（Head Pressing），當貓咪的腦部或神經系統有異常，或者肝臟或腎臟功能下降導致體內毒素積累時，會出現這種症狀。這時需要立即帶貓咪去動物醫院就診，請務必記住。

NYANTOS老師的一句話

即使是對親密的貓咪也會進行撞頭行為，但是在多隻貓咪同時飼養的情況下，如果貓咪之間的關係不好，應該分步驟地讓牠們習慣彼此。首先，可以將貓咪隔離在不同的房間，並讓牠們嗅聞彼此的毛毯或貓抓板上的氣味。當進行面對面接觸時，可以先透過玻璃或柵欄進行，逐漸延長接觸的時間，最終目標是讓牠們能直接面對面。

貓咪喜歡被撫摸的地方是哪裡？

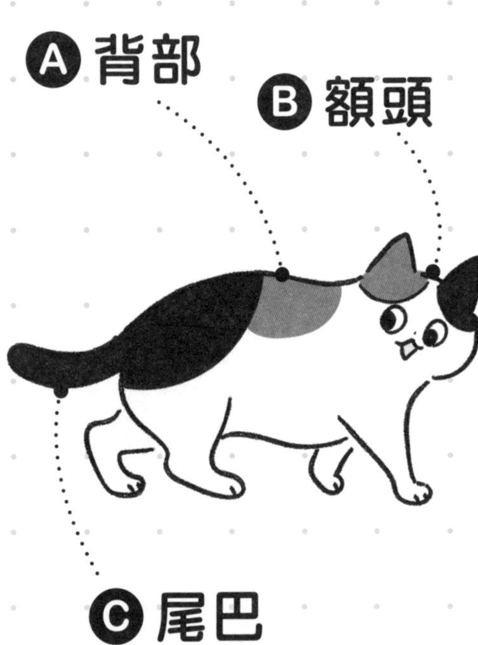

被撫摸的部位偏好因貓而異，但一般來說有一些常見的喜好。溫和的貓咪可能會有一些不喜歡的地方，但會忍耐。觀察貓咪耳朵和尾巴的動作，理解牠的感受，才能更好地照顧牠的需求！

B 額頭

貓咪喜歡被撫摸的地方是……

NYANTOS老師的解說

喜歡被撫摸額頭和下巴周圍

貓通常喜歡被撫摸臉頰、額頭和下巴等分泌費洛蒙的部位。這是因為貓在互相交流時，會透過摩擦這些部位來增進彼此的親密關係。因此當飼主撫摸牠們這些部位，貓咪感到舒服時，也是牠們感受到交流並為此感到高興的表現。

尾巴根部也是費洛蒙分泌的地方，當輕拍這個部位時，貓咪會因為感到愉快而抬高屁股，這可能也是出於類似的原因。然而，尾巴根部的撫摸偏好容易因貓而異。有些貓咪會覺得「這太棒了！再多撫摸一下～」並不斷抬高屁股，而有些貓咪則會反感，表示「喂，那裡不是給你碰的地方（咬一口）」。

根據二〇〇二年進行的一項研究，超過九成的貓喜歡被撫摸側頭部或額頭，而有五成的貓喜歡被撫摸下巴周圍，尾巴根部的喜愛度則只有約三成左右。至於背部、前腳、後腳以及尾巴等非費洛蒙分泌部位的撫摸偏好，雖然沒有具體的數據，但普遍認為這些部位的偏好也因貓而異。

許多貓咪不喜歡被撫摸肚子，但有時牠們也會把肚子翻過來露給你看。這通

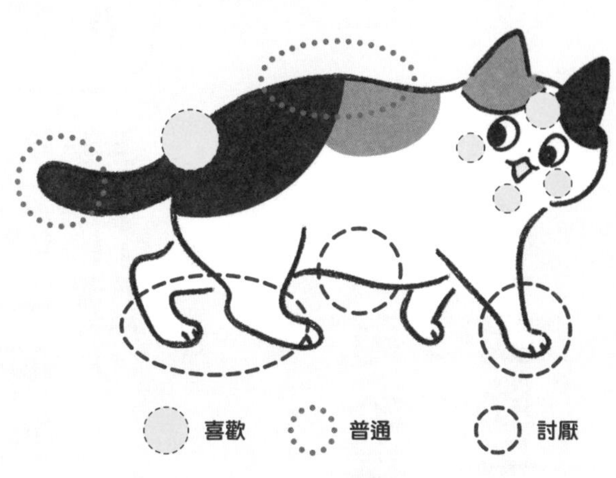

常表示「我非常信任你」或者「嘿！來一起玩吧！」。如果是前者的情況，當你去摸牠時可能會被咬，因為牠會覺得「我這麼信任你，你竟然摸我！」而後者則可能是牠想和你玩摔角，無論如何，最後你可能還是會被咬。

貓咪表現出不喜歡的信號有很多，不一定只有咬人或揮拳，待著不動或突然梳理毛髮及有可能是在表現不滿。順帶一提，貓咪在不滿時所表現出的負面行為，比起對陌生人，更常在被飼主撫摸時出現。或許是因為牠們對信任的飼主不會客氣地表達「我不喜歡！」吧。

貓咪「呼嚕呼嚕」的含義是什麼？

A「再多摸我一點～」

B「我肚子餓了～」

貓咪發出「呼嚕呼嚕」的喉音，聽起來總是讓人感覺牠們很滿足，光是聽到這個聲音就能讓人感到療癒。然而，這個聲音所隱含的貓咪情感其實不只一種。

A和B兩個都正確

貓咪「呼嚕呼嚕」的含義是……

NYANTOS老師的解說

傳達想要更多撒嬌的心情，幸福的呼嚕聲

貓咪的呼嚕聲是所有愛貓人士都感到舒適的聲音。這種呼嚕聲原本是小貓從母貓那裡喝奶時發出的，**代表「我想再撒嬌一點」或「我很滿足」的意思**。因此當貓咪對飼主發出這種聲音時，也被認為是在表達「多摸摸我吧～」或「被撫摸得很開心～」的感覺。這時的呼嚕聲通常是比較低沉的，因此有時也被稱為「幸福的呼嚕聲」。

這是一種難以形容的柔和聲音。在二〇一九年的筑波大學研究中發現，貓咪的呼嚕聲（尤其是低音的部分）具有放鬆效果。

這項實驗是為了尋找最適合用於店內背景音樂的放鬆音源進行的。當實驗參與者聽到錄製的呼嚕聲後，他們的心跳數與壓力負荷有所下降，壓力狀態也得到了緩解。也許在不久的將來，我們可能會在購物時聽到貓咪的呼嚕聲。

另一方面，貓咪在肚子餓時要求食物時也會發出呼嚕的聲音。有趣的是，這種「空腹的呼嚕聲」與幸福的呼嚕聲不同，它對人類的療癒效果似乎較弱。原因在於空腹的呼嚕聲中混合了類似人類嬰兒哭聲的高頻音，實驗表明人類聽到這種聲音時容易感覺到被催促。

確實，我家喵醬在早上肚子餓的時候叫醒我時的呼嚕聲，比起在膝蓋上被撫摸時的聲音要高頻一些。

這樣說來，貓的呼嚕聲基本上是滿足感、幸福感以及對人類的要求等正面情感的表達，但在生病時或遭受強烈壓力和疼痛時，貓也可能會發出呼嚕聲。

這似乎意味著貓是在向飼主求助或試圖安撫自己。每當談到這個話題時，我總會想起在住院籠中獨自發出呼嚕聲的末期淋巴瘤貓咪。如今我已經離開臨床現場，專注於研究，希望能夠減少這種悲傷的呼嚕聲。

耳朵稍微向後拉的「飛機耳」是怎麼樣的心情呢？

A 「到此為止！」

B 「我找到獵物了！」

貓咪可以自由地移動耳朵，不僅用來聽聲音，也用來表達情感。為了理解愛貓的心情，請仔細觀察牠的表現！

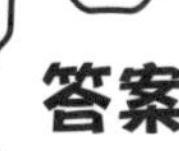

A「到此為止！」

「飛機耳」的貓咪的心情是……

NYANTOS老師的解說

貓咪耳朵的三種情緒表達

貓咪的耳朵周圍有發達的肌肉，可以自由靈活地移動。這一特徵使貓咪能夠精確地定位聲音來源，預測獵物的位置或避開危險，而耳朵的動作也與情感表達有關。

①耳朵直立……平常時，耳朵會直直地豎立。

②耳朵緊繃，稍微向後拉……所謂的「飛機耳」，通常是貓咪有點煩躁的時候會有的表現。如果你在撫摸貓咪的過程中發現牠出現飛機耳，那可能就是「再摸下去我就要咬你了」的信號。

③耳朵向下低垂……當貓咪感到恐懼時，會把耳朵向下壓。尤其在感受到強烈恐懼時，耳朵會緊貼著低垂。這種耳朵的姿勢常見於聽到不喜歡的聲音、面對地位較高的同居貓時。此外，當貓咪感到疼痛或身體狀況不佳時，也可能會低垂耳朵，所以需要特別注意。

順便提醒，你知道貓的耳朵上有一個叫做「亨利口袋（Henry's Pocket）」的凹陷嗎？這個亨利口袋的具體作用尚不明確，但有一種說法認為，牠可能是為了讓耳朵的運動更加靈活而存在的結構。

①耳朵直立
➡平常心

②耳朵緊繃，稍微向後拉
➡煩躁不安

③耳朵向下低垂
➡恐懼

貓咪開心時的尾巴動作是哪一種？

Ⓐ 尾巴垂下並藏在大腿之間

Ⓑ 尾巴的毛豎起並膨脹

Ⓒ 尾巴微微顫抖，一點一點地抖動

貓咪會通過肢體語言來表達情感。尤其是尾巴和耳朵的動作，能幫助你從貓咪的行為中讀懂牠們的心情哦。

說到「搖尾巴」這件事。
貓開心的時候也會搖尾巴嗎？

答案

C 尾巴微微顫抖，一點一點地抖動

貓開心時候的尾巴會……

NYANTOS老師的解說

貓咪尾巴的七種情感表達

貓咪的心情可以從牠尾巴的動作和舉止讀出來（第106～107頁）。為了與貓咪建立良好的溝通，務必要記住這些訊號！

①**尾巴筆直地豎起**……這本來是小貓靠近母貓時會表現出的行為之一，是一種愛的表現。當你下班回家時，貓咪尾巴筆直地豎起來迎接你，應該是在說「我等你很久了！歡迎回來！」的意思。

②**尾巴纏繞起來**……貓咪將尾巴纏繞在飼主或其他貓身上，通常被認為是想表達放鬆或愛意。這類似於人類之間的擁抱或握手。

③**尾巴微微顫抖**……當貓咪把尾巴直立並小幅度地顫抖時，通常被認為是興奮或喜悅的表現。這種動作特別容易在餵食時看到。

④**尾巴慢慢地左右擺動**……當貓咪心情好且放鬆時，牠會悠閒地擺動尾巴。被叫名字時，牠輕輕地擺動尾巴，彷彿在說：「我有聽到，只是有點懶得回應而

已」這種回應方式非常有貓咪的風格。

⑤尾巴的毛蓬鬆地膨脹……當貓咪的毛突然膨起，尾巴變得很粗時，這是緊張或害怕的信號。許多人會認為這是攻擊或生氣的表現，但其實牠是在害怕的情況下試圖把毛豎起來，使自己看起來更大，好嚇阻威脅。

⑥尾巴下垂，藏到兩腿之間……尾巴下垂通常代表貓咪感到畏懼、不安、害怕或處於防禦狀態。當尾巴夾在兩腿之間時，這是緊張、服從或恐懼的信號。

⑦尾巴劇烈地甩動……當貓咪猛烈地左右搖動尾巴，或是在躺著時用尾巴拍打地面，通常代表牠心情不好。如果你在撫摸牠的時候，牠開始激烈地擺動尾巴，這很可能是在表示「不要再摸了」。

從尾巴看心情

尾巴筆直地豎起

愛的表現、心情好

尾巴纏繞起來

放鬆、愛的表現

尾巴微微顫抖

興奮、高興

尾巴慢慢地左右擺動

心情好、放鬆

當貓咪的尾巴尖端像問號一樣彎曲時，
也被認為是「快來撫摸我～」的信號。

尾巴下垂，藏到兩腿之間

緊張、恐怖

尾巴的毛蓬鬆地膨脹

緊張、恐怖

尾巴劇烈地甩動

心情不好

貓做出叫的動作卻沒有聲音，這是什麼意思？

A 對主人提出要求

B 正在盯著獵物

貓咪的叫聲千奇百怪，據說有20種以上的叫聲。那麼發出非常可愛的無聲貓叫時，貓咪的心情是什麼呢？

Ⓐ 對主人提出要求

貓咪「無聲喵喵叫」的意思是……

NYANTOS老師的解說

對著飼主喵喵叫，是想表達自己的需求

用文字來描述貓的叫聲有些困難，但讓我簡單介紹幾個吧。網上有些網站可以聽到實際的貓叫聲，請務必去看看喔。

①嘴巴張開發出「喵」的聲音……貓咪張開嘴對著飼主發出「喵」或「喵嗚」的聲音，通常是帶有要求或吸引注意的意味。這是小貓用來引起母貓注意的叫聲，通常長大後對其他貓咪就不會再用這種叫聲了。面對無法理解氣味或身體語言的飼主，小貓會用幼貓時期的「技巧」來嘗試溝通。

②無聲的喵叫……貓咪有時會張開嘴但不發出聲音，這種情況通常被稱為「無聲喵叫」。雖然這種狀況下沒有聲音，但基本上和普通的「喵」有相同的含義。有一種說法認為，貓咪在發出比人類聽力範圍更高頻的聲音，所以我們聽不到而已。

③顫音（Trill）……像鴿子那樣的「咕嚕嚕」或「咕嚕咕嚕」的聲音被稱為「顫

※CAT SOUNDS EXPLAINED　http://meowsic.se/catvoc.html

音」。這種聲音通常出現在情緒高漲、撒嬌要求或打招呼的時候。我家裡的喵醬看到玩具或零食時就會發出「咕嚕咕嚕」的聲音。

④破裂聲……貓咪在看著窗外的鳥或昆蟲時發出「咔咔咔」的聲音，這被稱為「破裂聲」。這是貓咪模仿獵物的叫聲，以引誘並襲擊的狩獵本能所致。研究人員在亞馬遜觀察到一種名為「長尾虎貓」的貓科動物時，意外發現牠們模仿猿類小孩的叫聲來引誘獵物，這一觀察結果支持了這個說法。另外，有些貓咪在玩玩具時也會發出「咔咔咔」的聲音。

此外，還有像是感到恐懼時的「嘶——」或「呼——」聲，發情時的「喵——」等叫聲。但基本上，當貓咪對著飼主叫喚時，通常是有一些需求，例如「肚子餓了」、「清理一下廁所」等等。

我家的貓咪，好像能理解人說的話？

A 理解自己的名字或「飯」等單字

B 理解日常對話，但假裝聽不懂

有些貓咪會對自己的名字或飯、零食等詞語做出反應，會回應或變得興奮。那麼，貓咪到底是否真的理解人類的語言呢？

Ⓐ 理解自己的名字或「飯」等單字

貓咪對於人的語言……

貓能理解與自己相關的簡單單字

和貓一起生活的時候，我們常常會覺得「牠一定能理解人類的語言」。實際上，貓對人類的語言了解程度如何呢？

這個領域中，日本的齋藤慈子老師和高木佐保老師的研究小組報告了許多有趣的結果。例如在二〇一九年的一篇論文中，對約70隻貓進行的實驗顯示，貓能夠清楚地理解自己的名字。

在網上的實驗視頻中，有一隻名叫「蔥男」的小貓（這名字真獨特），依次被呼叫了「櫻桃」、「打工」、「可口可樂」、「小提琴」和自己的名字「蔥男」。結果顯示，**當前面四個詞被呼叫時，牠的反應越來越少，但當聽到自己的名字時，牠立刻回頭並站了起來。**

此外，二〇二二年發表的一篇論文指出，貓能理解同居貓的名字。實驗中的貓咪被安排坐在螢幕前，聽到同居貓的名字後，螢幕上會顯示一張同居貓的照片和一張完全不相關的貓的照片，接著測量貓注視螢幕的時間。

這個方法利用了貓的一種習性，當發生的事情與牠們預期的不同時，會更長時間注視該事件（即「期待違反」）。實驗結果顯示，貓在聽到的名字與看到的貓無關時，會更長時間注視螢幕。

透過這些實驗，**我們可以推測貓能理解與自己有關的簡單詞彙。所以當貓咪聽到「吃飯」或「零食」時，才會變得情緒高漲。**

NYANTOS老師的一句話

有一項關於貓咪的有趣研究。針對44隻貓咪進行了為期三個月的觀察，研究貓咪是否存在「慣用手」。結果顯示約60～70%的貓咪有慣用手。進一步調查發現，公貓多為左撇子，而母貓多為右撇子。其餘30～40%的貓則是沒有慣用手，雙手都能使用。

為什麼貓會跟蹤你進浴室或廁所？

A 在進行巡邏

B 想喝浴室或廁所的水

C 不想和飼主分開

你是否曾經有過這樣的經歷，當你進浴室或廁所時，貓咪會跟著你，或者在門外等著你？這種行為非常可愛，但你可能會感到困惑「我的貓明明討厭洗澡啊」。

A B C 都是正解

貓咪為什麼會跟著進浴室或廁所呢……

在廁所裡，
呼
有種屬於自己的空間，感覺挺不錯的。

NYANTOS老師的解說

貓咪跟蹤行為的三個含義

經常聽說貓咪會跟著主人去浴室或廁所，我家的喵醬也不例外。每當我進浴室或廁所時，牠就會在門前喵喵叫，結果我只能讓牠進來。到底貓咪是抱著什麼心情來跟蹤的呢？真正的答案恐怕只有貓咪自己知道。不過還是讓我們根據貓的習性來推測一下吧。

貓是非常重視領域和地盤的動物，對牠們來說，自己生活的家就是牠們的領地。當然，浴室和廁所也是領地的一部分，但相比起客廳等地方，牠們通常無法自由進出。對貓來說，浴室或廁所可能是牠們領域中「有點不太了解的地方」。我猜牠們可能是這麼認為的。

據說貓有檢查領域的欲望，因此牠們可能會把浴室和廁所作為巡邏的一部分，仔細查看。牠們可能在想「你們有沒有藏在這裡吃東西或和其他貓親密？」或者「把我趕出我的地盤是什麼意思！」之類的事情。

另外，**貓似乎也有「想喝自己找到的水」的欲望。牠們的祖先利比亞山貓曾在沙漠中生活，當牠們發現泉水（如浴室或廁所的水）時，會感到非常高興，這種本能可能保留至今。**或者可能僅僅是偏好流動的水而非容器中的水。無論如何，很多貓會因為想喝浴室或廁所的水而跟隨主人。

另一方面，最近分離焦慮症（第46頁）的貓咪數量增加了。特別是那些白天長時間獨自在家的貓咪，可能會希望有更多時間能和主人一起玩耍或撒嬌。**因此就算是洗澡或上廁所的短暫時間，仍可能會出現「不想與主人分開」的心情。如果貓咪會在浴室或廁所門前非常焦躁地叫，那這種可能性就更高了。**

要減輕在家獨處的貓咪的壓力，可以採取一些措施，比如放置益智玩具、飼主氣味的衣物或毛毯等。這些方法是有效的，建議可以嘗試看看。

貓咪為什麼這麼喜歡紙箱呢？

A 因為喜歡氣味

B 因為狹窄的空間讓牠們感到安心

明明花了不少錢購買高級的貓床，結果貓咪卻偏愛裝著貓床的紙箱……對於貓咪主人來說，這應該是很常見的情況吧？究竟貓咪為什麼這麼喜歡紙箱呢？

B 因為狹窄的空間讓牠們感到安心

貓咪喜歡紙箱的原因是……

NYANTOS老師的解說

偏愛紙箱是因為貓咪本能上喜歡狹窄而陰暗的地方！

貓咪喜歡紙箱的第一個原因是「有安全感」。貓咪喜歡狹窄而陰暗的地方。這被認為與貓咪祖先，過去主要在樹洞或岩石洞穴中休息的習性有關。因此狹窄而陰暗的紙箱，對貓咪本能來說是一個放鬆的場所。

根據某項研究，**當住院的貓咪獲得紙箱時，牠們會花大量時間待在紙箱裡，心跳和呼吸會平穩下來，且壓力指數顯著降低。此外也有報告指出，在收容所中獲得紙箱的貓咪，比沒有獲得紙箱的貓咪更快適應收容所的環境。**

貓咪喜歡紙箱的另一個原因可能是「喜歡紙箱的材質」。貓咪可能覺得紙箱的觸感很好。此外，紙箱具有良好的隔熱性，因此對於喜歡溫暖環境的貓咪來說，紙箱一定會感到很舒適。

考慮到貓咪的這些特性，在選擇貓床時，選擇紙箱製的床會比布製的更為合適。可以兼作貓抓板的設計也很方便。有藏身處的貓床會更受貓咪喜愛，也有助於減輕壓力，因此非常推薦。

「貓咪傳送裝置」之前在社群媒體上引起了話題。這是一種貓咪會對地板上，用膠帶或繩子畫出的圓形或方形感興趣，並樂意跳進去的裝置。這表明貓咪對於平面「箱子」的好奇心，似乎是牠們的本能之一。

根據另一項研究，貓咪也會對地板上由錯覺形成的方形（如下圖所示）產生興趣並進入其中。貓咪對箱子的喜愛真的是非常有趣呢。

飼主一開始吃飯，貓咪就會去大便，這是為什麼呢？

A 希望立即清理大便

B 不滿意而故意做出挑釁的行為

每當人類說「我要開動了」並開始吃飯時，貓咪總是會去大便或尿尿……如果在客廳或餐廳擺放了貓砂盆，這會讓人有點困擾。這種行為背後的原因是什麼呢？

A 希望立即清理大便

飼主開始吃飯時貓咪去大便的原因是……

NYANTOS老師的解說

貓咪在主人用餐時去大便，這是因為已經形成了一種固定模式

「好了，準備吃飯吧」這個時候，愛貓卻像在故意作對一樣去大小便……這也是貓主人常見的日常情境吧？

關於這個現象的原因雖然無法確定，但貓的排泄行為往往與某些事件相關聯，並形成固定的模式。在飼主吃飯時去上廁所，飼主會很快清理掉牠的排泄物，因此貓咪可能記住了這樣的模式。

這或許可以透過「巴夫洛夫的狗的條件反射」來更好地理解。巴夫洛夫的狗的條件反射是指，當狗在聽到鈴聲的同時多次被餵食（報酬），之後即使沒有食物，只要鈴聲響起，狗也會開始流口水。

- 鈴聲＝食物的氣味、餐具的聲音、飼主的某些行為
- 食物（報酬）＝馬上幫牠清理貓砂
- 流口水＝排泄行為

大概就是這樣的感覺吧。

專業的說法稱之為「反射行為」但這僅僅是個假設，真正的原因只有貓咪自己知道。

要讓貓停止已經形成模式的排泄行為是很困難的，強行讓牠停止也會讓人感到不忍心。若實在覺得困擾的話，可以試著將貓砂盆移遠一點，離餐桌遠一些來應對。

NYANTOS老師的一句話

話題有點轉變，不過大家有沒有想過自己愛貓的血型呢？其實大約80%～90%的貓是A型，10%～20%是B型，極少數是AB型。這種血型分佈的不均，可能會讓治療變得困難。當貓咪生病或需要手術進行輸血時，如果貓是B型，往往很難找到合適的捐血貓。血型可以在動物醫院檢查，另外也有一些動物醫院正在徵求捐血貓（稱為供血貓）的登記。如果大家能提供協助，將會非常感謝。

為什麼貓會在上廁所前後衝刺奔跑呢？

Ⓐ 因為牠們喜悅爆發

Ⓑ 為了逃避天敵

Ⓒ 原因不明

貓在上廁所前後興奮地到處奔跑的行為，被稱為「廁所嗨」或「解便嗨」。為什麼貓會突然變得這麼興奮呢？廁所嗨的原因究竟是什麼？

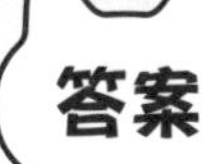

C 原因不明

貓在上廁所前後衝刺奔跑的原因是……

NYANTOS老師的解說

有「釋放壓力的說法」和「為了逃避天敵的說法」，但……

「貓在排便或排尿前後，像開關被打開一樣突然跑來跑去……」這種情況，應該是所有養貓的人都會點頭認同的吧。

這種現象被稱為「廁所嗨」或「解便嗨」，但為什麼貓會在上廁所前後變得如此興奮，其實根本原因尚未被證實。廁所嗨是眾多貓咪神祕行為中，最大的謎團之一。

首先，「動物從放鬆狀態突然爆發性地跑來跑去」這種現象，在歐美被稱為「暴衝」（Zoomies）這不僅僅發生在貓身上，也能在狗、兔子以及野生動物中廣泛觀察到，這是一種正常的行為。

有人提出「釋放過剩的能量說」或「釋放壓力說」等理論，但基本上這被認為是貓表達喜悅、興奮或快樂等情緒的方式之一。如果換作我們人類的話，可能就像突然想跳舞、唱歌或大喊一樣吧。

從這種習性來看，貓的「廁所嗨」大概也可以說是Zoomies的一種。這可能是排泄後爽快感的表現，像是「終於解決了！」或者是「馬上就要出來了！」的感覺。另外還有「為了馬上逃離天敵」或「因為臭味而逃跑」的說法，但這些說法的真偽尚不確定。

順帶一提，貓咪的「廁所嗨」現象比起小便，似乎更多發生在大便的前後。根據社交媒體上的問卷調查，回答小便前後的飼主約占15％，大便前占約20％，而大便後則高達約65％。我們家喵醬不管是小便還是大便都會非常興奮，但如果仔細想想，可能大便後牠的情緒最為高漲。

像這樣的「廁所嗨」是正常行為，請不要責備或強行制止，而是溫柔地守護牠們。不過如果貓咪有嚴重便祕並且伴隨強烈不適感，或者出現肛門堵塞或炎症等，與平時行為不同等異常情況，建議諮詢動物醫院。

貓咪在上廁所時，為什麼會把腳搭在邊緣用力蹲著？

A 大便或小便不容易排出

B 不喜歡這廁所

你是否曾見過貓咪在上廁所時，把前腳搭在邊緣，或者四隻腳全都踩在邊緣上，避免接觸到砂子的姿勢？這行為背後隱藏了一些貓咪的心情。

答案

B 不喜歡這廁所

貓把腳搭在廁所邊緣的原因是……

NYANTOS老師的解說

讀懂貓咪對廁所環境不滿的信號

在社群網站上，經常可以看到「貓咪上廁所時，把腳搭在邊緣用力蹲著的樣子很可愛」這樣的貼文。然而，貓咪將腳搭在邊緣排便或排尿並不是因為牠們在用力。**事實上，這可能是對貓砂盆或貓砂感到不滿的表現。尤其是當廁所太狹窄，或貓咪對貓砂的質感感到不滿，刻意避免讓肉球碰觸到貓砂的情況。**

根據過去的多項研究發現，貓咪喜歡至少寬度50公分以上的寬大貓砂盆。市面上販售的貓砂盆大多數都較小，無法達到這個要求，因此請在選購時注意貓砂盆的大小（第235頁）。

如果對於選擇貓砂感到困惑，礦物類的貓砂通常是個不錯的選擇。但有時問題不在於貓砂的種類，而是貓砂的量不足也會讓貓咪感到不滿。如果貓砂盆的底部露出來，代表砂太少了，建議至少填滿到大約5公分的深度（可以以食指的第二關節為參考），這樣比較合適。

貓咪對貓砂盆或貓砂感到不滿的信號，除了將腳搭在邊緣上廁所以外，還有以下幾種表現。如果觀察到這些行為，可以嘗試在「廁所自助餐廳」（第39頁）幫牠找到喜歡的貓砂盆。

- ●在廁所以外的牆壁或地板上抓刨
- ●用前腳在空中抓刨
- ●很久沒有排泄（找不到合適姿勢、進進出出等）
- ●排泄後，不蓋砂就直接從貓砂盆衝出去
- ●上廁所次數少，每次持續40～50秒，時間過長（正常情況下一天2～4次，每次排尿時間約為20秒）

NYANTOS老師的一句話

說到廁所環境，在貓砂盆附近設置食物或水的地方是不好的。如大家所知，貓咪非常愛乾淨，牠們不喜歡在有異味的地方進食。另外，貓砂可能會四處飛散弄髒，因此盡量將食物和水放在遠離貓砂盆的地方。

貓把東西推倒或弄掉時，牠們在想什麼呢？

Ⓐ「這東西好礙事啊～」

Ⓑ「快看我！」

貓咪喜歡把桌上或架子上的東西推倒或弄掉。所以我們需要把不想讓牠們碰的東西放在牠們沒辦法觸及的地方。了解貓咪推倒東西的原因，也有助於讓我們找到適當的應對方法。

Ⓑ「快看我！」

貓咪推倒或弄掉東西的用意是……

NYANTOS老師的解說

貓咪推倒或弄掉東西，是為了引起主人的注意

貓咪推倒或弄掉東西，通常是因為牠們記住了「這樣做可以引起主人的注意」。例如，當貓咪用前腳輕輕推動桌上的杯子到邊緣時，主人會馬上衝過來阻止說「不要這樣！」。由於貓咪學習能力很強，牠們很快就能記住，當牠們試圖推倒桌上的東西時，主人會立刻趕到牠們身邊。

如果你對貓咪推倒或弄掉東西的行為感到困擾，首先請觀察牠們是在什麼時候做這些行為。如果是主人在身邊的時候，那麼貓咪很可能是想引起你的注意或者是肚子餓了。

在這種情況下，如果在貓咪跳上桌子準備推倒物品的時候，你和牠說話、抱起牠或用食物吸引牠的注意，這只會讓牠的行為越來越嚴重。因此在這種時候，不要有所反應非常重要。**你可以在貓咪跳上桌子之前，用玩具陪牠玩，或者用益智玩具讓牠獲得零食，這樣可能會讓貓咪覺得這比推倒物品更有趣。**

如果貓咪經常在主人不在的情況下推倒物品，那麼可能是分離焦慮症（第46頁）或因無聊而推倒物品來玩。

貓抓板或益智玩具是紓解貓咪獨自看家時寂寞的理想選擇。此外，將貓跳台放在窗邊，讓牠們能觀察外面的景象，對於營造無壓力的環境也非常重要。

根據京都大學的研究，貓似乎能夠理解物理法則。在實驗中，研究人員讓貓觀察四種情況：搖晃箱子時有聲音和沒有聲音，接著翻轉箱子時有物品掉落和沒有物品掉落的情況。

結果發現，當箱子發出聲音卻沒有物品掉落，或是箱子沒有聲音卻有物品掉落時，貓會長時間觀察箱子。也就是說，貓能預測到如果有聲音，物品應該會從箱子裡掉出來，而當情況不符合預期時，牠們會有「咦？怎麼回事？」的感覺並注視箱子。

貓咪為什麼會跑到鍵盤上來？

A 因為想要主人陪牠玩

B 因為覺得鍵盤像獵物

當你打算工作或學習時，貓咪突然跳到鍵盤或文件上，有沒有發生過這種情況呢？「雖然牠很可愛，但這樣完全沒辦法工作啊！」可能有許多飼主因此感到困擾。

答案

A 因為想要主人陪牠玩

貓咪為什麼會跑到鍵盤上呢？

NYANTOS老師的解說

貓咪跑到鍵盤上，是因為牠想要主人陪牠玩

平時貓咪很冷漠，但當你打算打開文件或開始電腦作業，牠就會跑來打擾你……這樣的經驗應該大家都有過。這種來自貓咪的騷擾被稱為「貓咪騷擾」。尤其是在遠端工作漸增的今天，很多飼主可能都會覺得「雖然很可愛，但真的很困擾啊……」吧。

貓咪打擾主人的原因被認為是因為現代的家貓「在成長過程中保持了幼稚的性格」。小貓通常充滿好奇心，並且有「想要引起母貓注意、想要被關注」的需求。相當於成年貓對主人會表現出「想要被關注、想要你看看我」的行為，因此會來打擾你。

那麼為什麼現代的家貓會在成長過程中保持小孩子的樣子呢？貓本來是自立的動物，靠狩獵維生，但大約一萬年前開始與人類共同生活。現代的家貓基本上總是與主人在一起，因此不再需要進行狩獵，食物會自動供應，人類也會照顧牠們。因此貓咪的自立心減少，從而產生了「保持幼貓時期」的狀況。

現代的貓咪沒有從父母那獨立也是原因之一。原本貓咪在一定的時期，母貓會威嚇小貓（尤其是公貓），讓牠們離開母親。但飼主並不像母貓一樣，讓貓咪學會獨立。公貓通常更依賴人的原因之一可能就是這樣。

然而不管多麼可愛，工作被打擾還是讓人很困擾。這時可以參考曾在社群網站上流行的做法，給桌面準備一個貓咪的專屬空間（例如小箱子或貓床）會比較好。如果貓咪會跑到電腦鍵盤上，使用壓克力製的保護罩也是一個不錯的選擇。

貓咪為什麼會盯著什麼都沒有的地方看呢？

A 可能是因為牠們聽到了人類聽不見的聲音

B 可能是因為牠們看到了人類看不見的幽靈

貓咪有時會專注地盯著空無一物的地方看。牠們究竟看到了什麼呢……

Ⓐ可能是因為牠們聽到了人類聽不見的聲音

貓咪為什麼凝視著空無一物的地方的理由是……

NYANTOS老師的解說

因為貓的聽力比人類好，所以看起來像是在注視空無一物的地方

當愛貓靜靜地凝視空無一物的地方時，您可能會擔心「牠是不是看到什麼鬼怪之類的東西了？」但這很可能是因為貓的聽覺和視覺，與人類有很大的不同所導致。

貓的聽覺比人類優越得多。特別是對於高頻聲音的察覺能力非常強，據說牠們能夠聽到比人類高出兩個八度的音。

貓耳周圍的肌肉非常發達，可以旋轉約180度，因此能夠精確地捕捉周圍聲音的方向。**貓可能會聽到人類無法聽到的高頻音或細微音，並且根據聲音的來源方向進行觀察。**

貓的視覺能力也與人類不同。你可能聽說過貓的視力不太好。基本上，貓的視力被認為只有人類的七分之一以下，屬於相當嚴重的近視。另外貓也難以識別多種顏色，無法區分紅色和綠色。

然而，**貓作為暗夜中的獵手，在黑暗環境中的視力非常優秀。**這與其擁有比人類多三倍以上的視覺細胞「視桿細胞」有關。貓的網膜後面有一層稱為「脈絡膜層」的反射板，能夠反射穿過網膜的光線，並使光線再次穿過網膜，從而提高在黑暗中的視力。

因此，**在黑暗的地方，甚至在白天明亮的地方，貓也能清楚地看到人類無法察覺的光反射（例如細微的灰塵等）。**

二〇一四年發表的一項研究指出，包括貓在內的多種動物，可能能夠識別紫外線。雖然目前我們還不了解這些動物實際上能看到什麼樣的世界，但這意味著貓咪可能真的能夠看到一些我們人類無法察覺的東西。

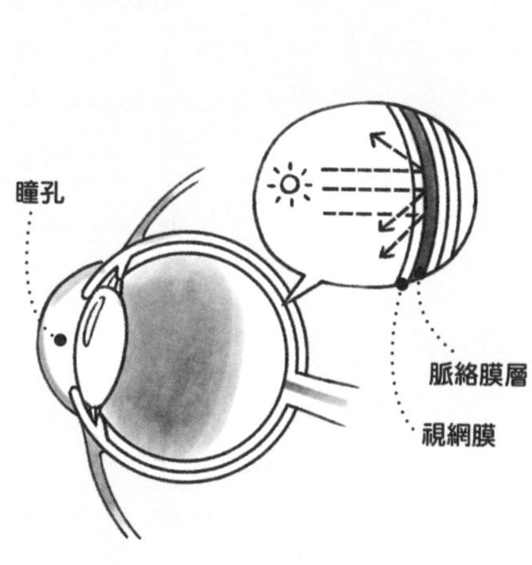

深夜的運動會讓我很困擾，有什麼方法可以讓牠停止嗎？

A 貓是夜行性動物，所以只能放棄了

B 飼主減少熬夜，調整生活節奏

在深夜或黎明前，會突然興奮地開始運動會的貓咪。為了飼主的睡眠品質，也許可以根據時間段採取一些對策。

對付深夜運動會的方法是……

B 飼主減少熬夜，調整生活節奏

今天是截稿日……
最後期限
快點完成，然後立刻去睡覺！

NYANTOS老師的解說

深夜的運動會可能是因為體內時鐘失調

貓咪會在日出前或傍晚的昏暗時期會變得活躍。這種特性被稱為「曙暮性」，與日行性或夜行性活動模式有所不同。因此愛貓在黎明時分舉行運動會，或咬咬飼主的腳或耳朵，在某種程度上是難以避免的。

如果貓咪在半夜而非黎明時變得活躍，那麼可能是由於體內時鐘的失調。例如，**貓咪通常應該睡覺的白天，飼主過度地關注貓咪，或者飼主習慣熬夜，貓咪的生活節奏便有可能會出現偏差，導致牠在深夜達到活動的高峰。**

此外房間的光線也會影響貓咪的體內時鐘調整。有關齧齒動物的研究表明，僅僅是改變明暗程度就能使體內時鐘出現紊亂。如果夜間使用小夜燈，或因為晚歸而開著燈，則會增加明亮的時間，減少黑暗的時間。

貓在黑暗中的視力非常優秀，因此即使在全黑的房間裡也沒有問題。當你睡覺或外出時，關掉電燈，並在白天引入自然光，這樣可以幫助貓更接近其原本的生活節奏。

為了避免深夜或清晨被吵醒，有幾個應對方法可以嘗試。對於特別愛吃的貓咪，若牠因為「肚子餓了！」而早上把你吵醒，可以試著調整牠的進食時間和份量。睡前稍微多給一些食物，或者使用自動餵食器，在牠通常吵醒你的時間自動餵食，可能會有所改善。睡前可以在益智玩具裡放一些乾糧，這也是一個有效的方法。

此外，充足的遊戲時間也是非常重要的。傍晚到夜晚這段時間內，與貓咪多次互動遊玩，有助於讓牠們在夜間安穩睡覺，不再打擾你的休息。

需要注意的是，甲狀腺功能亢進症（第214頁）或失智症（第222頁）也可能導致貓咪在夜間叫喚或變得活躍。如果是年長的貓咪出現這些行為，建議諮詢專門的獸醫師，並接受必要的檢查。

貓咪健康管理的「哪一個才正確？」

為了讓心愛的貓咪健康長壽，
學習健康管理
以及緊急情況下的應對措施，
絕對是必要的。
為拯救更多貓咪
而進行研究的NYANTOS老師，
以最新的論文研究為基礎
來替大家解惑。
掌握了這些知識，
你也可以成為高級「貓奴」！

貓的一年相當於人類的幾年？

貓的生命分為四個階段。近年來，長壽的貓咪越來越多，因此像人類一樣，隨著年齡增長，需要重新檢視其健康管理。

C

4年

貓的一年換算成人類的話是…

貓咪從11歲開始進入高齡期

貓的一年換算成人類年齡大約相當於4年（2歲以上的貓），可以用以下公式計算：（貓的年齡－2）×4＋24。

而貓的生命階段大致可以分為以下4個階段。

●小貓期（從出生到1歲／換算成人類年齡約為15歲）

這個時期的貓咪充滿好奇心，對任何事物都感到興趣。特別是在2個月之前的這段期間，被稱為社會化期，是貓咪逐漸積極接觸人類或其他寵物的最佳時機。此外，這也是訓練牠們適應剪指甲、刷牙、梳毛、進入外出籠，以及去動物醫院等行為的好時機。在健康管理方面，需要特別注意先天的遺傳疾病和感染症等問題。

●成貓期（1～6歲／換算成人類年齡約為40歲）

絕育手術完成後，代謝會發生變化，貓咪容易變胖。應該重新檢視飲食內容和分量，注意避免肥胖。同時需要留意突發性膀胱炎、尿路結石（第182頁）、肥厚型心肌病（第218頁）、呼吸系統疾病和皮膚病等問題。

●中年期（7～10歲／換算成人類年齡約為60歲）

仍然需要注意肥胖問題，但隨著時間推移，體質會逐漸變得容易消瘦。從這個時期開始，各種疾病的風險也會增加。慢性腎臟病（第200頁）、癌症（第206頁）、甲狀腺功能亢進症以及糖尿病（第214頁）等疾病的發病風險會隨著年齡增長而提升。

●高齡期（11歲以上／換算成人類年齡約為61歲以上）

除了之前提到的疾病外，還需要注意變形性關節炎和失智症等問題。請務必將家中的環境設置為無障礙設計，減少段差，讓貓咪更容易接觸到食物、床鋪和貓砂盆。此外，使用有腳架且高度適中的食器會對貓咪更為友善。每年至少應帶貓咪進行一次健康檢查，最好是每半年一次。

Mature Adult 中年期	Senior 高齡期
7～10歲	11歲以上
～60歲	61歲～
	最少半年一次

●慢性腸疾病（消化道型淋巴瘤、炎症性腸疾病）
●慢性腎臟病（P200）
●甲狀腺功能亢進症（P214）
●糖尿病（P214）
●癌症（P206）
●失智症（P222）
●牙周病或齒吸收疾病（牙齒溶解）
●變形性關節炎（關節炎）

●留意體重變化及檢查肌肉量是否下降
●對於七歲以上或高齡貓咪，
必要時可與獸醫師討論飲食方案獲使用處方食品

●確保食物、水和廁所的使用方便（避免高低差）
●注意細微的行為變化

貓的生命階段

	Kitten 小貓期	Young Adult 成貓期
年齡	出生到1歲	1～6歲
換算成人類年齡	～15歲	～40歲
健康檢的頻率		一年一次以上
需要注意的疾病	●遺傳疾病和天生疾病 ●感染病（寄生蟲、貓感冒、貓傳染性腹膜炎（FIP）等） ●貓癬／貓黴菌	●支氣管疾病 ●肥厚型心肌症（P218） ●慢性腸疾患 ●突發性膀胱炎（P182） ●過敏性皮膚病（如跳蚤過敏、食物過敏、異位性皮膚炎等） ●真菌感染
飲食與體重管理要點	●由於在出生後半年內飲食偏好就會決定，因此應讓貓咪盡可能多嘗試不同種類的食物 ●讓貓咪熟悉益智玩具	●注意肥胖 ●透過遊戲來解決運動不足問題
行動與環境	●習慣於人類和其他動物（特別是兩個月齡以內） ●進行梳毛、剪指甲和刷牙的訓練（P70、66、174） ●學習適當的遊玩方式（使用玩具而非手或腳） ●習慣於外出籠（P50）	●在多隻飼養的情況下，檢查是否與同住的貓咪關係惡化

貓咪肥胖的跡象是什麼？

A 體重達到5公斤以上

B 從上方看，腰部沒有收縮

與人類相同，肥胖對貓咪的健康也會造成不良影響。需要仔細判斷愛貓是否有肥胖情況，若有則需要調整飲食和運動量。

貓咪肥胖的象徵是……

B 從上方看，腰部沒有收縮

大米的毛是有點特殊的蓬鬆感。

毛茸茸的

細細的

NYANTOS老師的解說

貓咪的肥胖程度可以通過腰部的收縮和是否能觸及肋骨來檢查

貓咪是否肥胖主要是透過「體態評估表」（Body Condition Score）來判斷。貓咪的理想體型以以下①～③作為評估標準。

①從上方看時，肋骨後方的腰部有收縮

②輕微脂肪下能觸及到肋骨

（可以參考觸摸人體手背骨頭的感覺）

③腹部沒有過多脂肪

如果腰部異常地纖細或肋骨可以直接看到，則評估為過瘦；相反地，如果無法辨識腰部的收縮或肋骨被脂肪覆蓋而無法觸及，則評估為過胖。

不過，對於腹部的脂肪需要特別注意。如果愛貓在走路時腹部有顯著的晃動，你可能會擔心「牠是不是太胖了？」但其實貓咪下腹部本來就有鬆弛的部

分。這被稱為「原始袋」或「鬆弛皮膚」，這裡不是脂肪而是多餘的皮膚。在獅子、老虎等其他貓科動物身上也常見。

當貓咪變胖時，原始袋也會變得更明顯。但即使貓咪沒有肥胖，這種皮膚鬆弛也可能會很明顯。因此，僅僅透過腹部的鬆弛來判斷貓咪是否肥胖是不正確的，應該根據是否有腰部收縮和是否能觸及肋骨來判斷。如果自己難以判斷，最好去動物醫院進行專業評估，以確保貓咪的健康。

自行替愛貓進行極端的減肥可能會對肝臟造成損害。一定要與主治獸醫師討論，制定合理的減肥計劃。

原始袋

理想的體型

關於貓咪的水分攝取，哪種做法是正確的？

A 給予冰水或冷卻的水

B 給予常溫水或溫水

許多飼主可能會擔心，自己家的貓咪水喝的不夠多。為了預防中暑或下泌尿道疾病，保持充足的水分攝取非常重要，那麼有哪些方法可以讓貓咪多喝水呢？

B 給予常溫水或溫水

為了促進貓咪的水分補給⋯

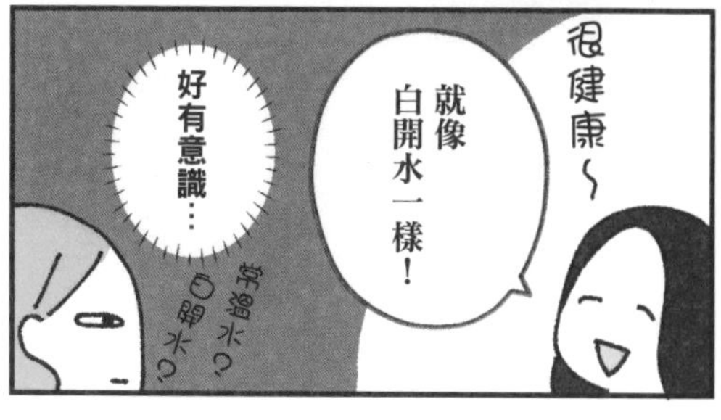

NYANTOS老師的解說

貓咪不可以喝冰水或冷水

在炎熱的日子裡，我們人類會想喝冰水或吃冰淇淋。「貓咪應該也會有同樣的感覺吧」因此有些人會在貓咪的飲水中加入冰塊，或把糊狀的零食凍起來給貓咪吃，其實並不太建議這樣做。

主要有三個理由。第一個理由是，貓咪不喜歡冷的東西。根據某些研究顯示，貓咪最喜歡與獵物相同溫度（37～40℃）的食物，對於比這個溫度低或高的食物則會感到不適。

第二個理由是，可能會導致腹部不適，這對人類來說也是一樣的道理。對貓咪來說，這還可能成為嘔吐的原因。

第三個理由是，貓咪也可能會有冰淇淋頭痛。冰淇淋頭痛是指吃冷的東西時，感覺頭部被用力擠壓的那種疼痛。貓咪似乎也會因為吃冷的東西而感到頭痛。對人類來說，頭痛是因為吃了冷的東西，但對貓咪來說，無法理解為什麼會頭痛。有時候在社交媒體上可以看到貓咪因為突然的疼痛而驚訝的反應，看到這樣的情況真的很讓人心疼。

另外貓咪也可能會中暑，這是在炎熱時期需要注意的事情。有些貓咪即使在夏天也喜歡在窗邊曬太陽，因此需要特別小心。預防措施包括使用空調降低室內溫度，以及確保貓咪有充分補充水分。

為了預防中暑，想增加貓咪補充水分的量時，應定期提供常溫水或接近人體溫度的溫水。由於貓咪對口渴的感覺較遲鈍，因此除了直接喝水外，從食物中攝取水分也是有幫助的。將濕食納入日常飲食（混合餵食）可以有效地補充水分（第14頁）。

像CIAO啾嚕肉泥這類的糊狀零食，可以直接給貓咪食用，但加入溫水將其溶解成湯也是一個很好的方法。順便提一下，我會將一支糊狀零食用40cc的溫水溶解後，給我家的喵醬快速喝下。這種水分補充方法不僅有助於預防中暑，還能預防膀胱炎和尿路結石等下泌尿道疾病（第182頁），因此非常值得嘗試。

哪一項不是貓咪壓力增加的徵兆？

Ⓐ 更頻繁地玩玩具

Ⓑ 在貓砂盆之外尿尿或大便

Ⓒ 減少對飼主或其他貓咪的依戀行為

與生活在壓力社會中的人類不同，貓咪似乎是自由且無壓力的……這種想法是錯誤的！實際上，貓咪每天也會面對各種壓力。

嗯？怎麼了？

總是那麼調皮搗蛋的樣子呢。

哪一項不是貓咪壓力增加的徵兆……

更頻繁地玩玩具

NYANTOS老師的解說

活動量減少是壓力增加的徵兆

當貓咪感到強烈的壓力時，其活動性會降低。通常會增加躲藏的時間，減少玩耍行為，對飼主或其他貓咪的依戀行為（互相梳毛、摩擦臉部）也會減少。食欲也會下降，但在某些情況下，食欲反而會增加。

正常行為減少的同時，貓咪也可能出現一些平常不見的異常行為。例如以下這些行為，很可能是貓咪感到壓力的徵兆。

- 過度舔毛導致的掉毛
- 異食癖（吃布料、橡膠、塑料等非食物物品）
- 在不適當的地方排尿
- 過度叫喊並四處走動

如果發現了這些壓力徵兆，首先需要考慮一下是什麼原因引起了壓力。

貓咪主要的壓力來源包括環境變化（例如搬家或家庭成員增加）、與其他貓咪或飼主的關係惡化、室內環境不適合飼養貓咪（例如沒有貓抓板、貓砂盆髒亂）等。

找出原因後，要盡可能去除這些原因。然而，在搬家或多貓飼養等情況下，可能無法完全消除這些因素，這時就需要在舒適的環境中，逐漸讓貓咪接觸這些可能引發壓力的刺激，並讓牠們逐步適應（可參考第89頁NYANTOS老師的一句話）。

此外，創造一個能夠滿足貓咪本能的室內環境也是非常重要的。可以設置能夠俯瞰整個房間的高台（如貓跳台或架子），提供可以躲藏的藏身處，以及牠們喜歡的貓抓板和貓砂盆。

壓力不僅會降低貓咪的幸福感，還可能會增加感染、突發性膀胱炎、腹瀉、嘔吐、皮膚疾病等各種疾病的風險。貓咪是非常敏感的動物，因此需要仔細觀察牠們的行為，並致力於為愛貓創造無壓力的生活環境。

貓咪常見的口腔疾病是什麼？

維持貓咪的口腔狀態，是保持健康至關重要的一點。對於貓咪口腔周圍的疾病和刷牙方式，應該掌握正確的知識來進行護理。

B 牙周病

貓咪常見的口腔疾病是……

NYANTOS老師的解說

牙周病會影響全身的健康

你知道貓咪不像人類那樣會得蛀牙嗎？這是因為貓咪口腔中沒有蛀牙菌。然而，這並不意味著貓咪不需要口腔護理。

因為貓咪雖然不會得蛀牙，但牙周病卻非常常見。牙周病不僅影響口腔健康，還會對全身健康產生影響。數據顯示，重度牙周病的貓咪罹患慢性腎臟病的風險會增加35倍。牙周病的根本原因是牙菌斑和牙石，因此日常刷牙對預防牙周病非常重要。

儘管如此，給貓咪刷牙卻是非常困難的一件事。如果是從小貓時期就讓牠習慣牙刷，那便會容易許多，但即使你決定「從今天開始刷牙」大多數貓咪還是會抗拒。

嘗試刷牙時，應該循序漸進。首先，取少量糊狀零食放在手指上，讓貓咪舔舐，並從觸摸口周圍開始。接下來，可以用手指包上紗布進行清潔，最終階段再使用牙刷。使用細尖的貓用牙刷可能會稍微容易一些。特別是後牙容易積聚牙

石，所以需要特別注意。

如果實在難以給貓咪刷牙，可以試試具有牙齒清潔效果的零食。美國獸醫口腔衛生協會（VOHC）認證的產品，例如普瑞納牙齒護理零食（Purina Dentalife）或健綠牙齒清潔專用零食（Greenies），都是很好的選擇（但要注意不要過量餵食）。

刷牙對於貓咪健康的維持非常重要，但如果這過程中讓貓咪與飼主的關係出現裂痕，或造成貓咪巨大的壓力，那就得不償失了。不要過於焦慮，在不造成過大壓力的範圍內嘗試進行即可。

如果牙齦已經出現紅腫的情況，僅靠刷牙無法處理。請務必前往動物醫院就診。口腔炎和齒吸收疾病（牙齒溶解）也是蠻常見的，但這些疾病基本上無法僅通過刷牙來預防。

如果出現流口水、口臭、因疼痛而抗拒觸碰、拒絕進食、只吃軟的食物，或頻繁用前腳觸碰嘴邊等症狀，也請立即就醫。

貓咪容易有○○的情況。關於貓咪的排便狀況，以下哪一項符合？

Ⓐ 便祕

Ⓑ 腹瀉

貓咪天生就不太愛喝水？觀察排便情況，對於了解愛貓的健康狀態非常重要！

答案

便祕

關於貓咪的排便問題，常見的麻煩是……

我家有兩種類型的貓砂盆。

一種是隧道型，一種是平放型。

兩隻貓都喜歡在隧道型的貓砂盆裡大便。

小便則多半是在平放型砂盆裡進行。

NYANTOS老師的解說

不要輕視貓咪的便祕或腹瀉

貓咪是容易便祕的動物。如果貓咪在廁所裡用力排便卻遲遲排不出來，或者只排出少量小顆且乾硬的糞便，這可能是便祕的跡象。便祕往往被視為不嚴重的症狀，但放任不管是不好的。當糞便變硬時，用力排便會伴隨疼痛，貓咪因為害怕疼痛，可能會忍住不排便。然而越是忍著，糞便中的水分會被吸收得更多，導致糞便變得更加乾硬。

一旦陷入這樣的惡性循環，症狀有時會惡化到影響食慾或讓貓咪變得沒有精神。如果進展到這個地步，可能需要在動物醫院進行灌腸或手動摘便（用手指掏出糞便）的處理。**為了避免這種情況發生，請仔細觀察貓咪的排便情況。如果有便祕的跡象，應儘早採取措施，如將食物換成濕食，或向獸醫師諮詢並讓他們開具對便祕有效的處方療效食物。**

如果貓砂盆髒了、用了貓咪不喜歡使用的貓砂（第38頁）或者貓砂盆的大小（第134頁），牠們也可能會忍住不排便，請多加注意。

便祕也是慢性腎臟病等引發脫水疾病時出現的症狀之一。根據一項研究，對因便祕來院的貓進行調查時，**發現患有慢性腎臟病的貓，便祕的風險高出3.8倍。這意味著，容易便祕的貓可能患有慢性腎臟病。**如果便祕持續，建議帶貓咪去動物醫院做檢查，順便進行健康檢查。此外有些飼主，會將尿路結石等導致的小便不通或膀胱炎引起的殘尿感，誤以為是便祕導致的排便困難。因此也請務必確認貓咪的小便，是否有順利排出。

如果貓咪出現腹瀉，通常是由感染症或腸胃炎，或與食物相關的問題（食物過敏、飼料更換）引起的。除此之外，還可能隱藏著消化道型淋巴瘤等惡性腫瘤、甲狀腺功能亢進症、或炎症性腸病（IBD）等疾病。

如果糞便中混有血液，可能是結腸炎或便祕引起的出血、感染症、或大腸惡性腫瘤等導致靠近肛門部位的出血。如果糞便呈黑色，則應懷疑口腔、食道、胃、小腸等遠離肛門的部位出血。這兩種情況都可能是重大疾病的症狀，應立即帶貓咪去動物醫院檢查。

因壓力引起的泌尿道疾病是哪種？

A 突發性膀胱炎

B 尿路結石

貓咪最常見的疾病之一就是泌尿道疾病。專業術語稱為「貓下泌尿道症候群」（FLUTD），這是指從膀胱到尿道的尿路中發生的各種疾病和症狀的總稱。

A 突發性膀胱炎

因壓力引起的常見泌尿道疾病是……

突發性膀胱炎的主要原因是壓力

貓下泌尿道症候群中特別常見的疾病是「突發性膀胱炎」和「尿路結石」。這兩種疾病的症狀包括：頻繁上廁所、在貓砂盆以外的地方排尿、尿液滴滴答答地流、舔陰部、擺出排尿姿勢但無法排尿、因疼痛而鳴叫、以及出現血尿等。

「突發性膀胱炎」中的「突發性」指的是原因不明，但普遍認為壓力是主要原因。**壓力會導致交感神經的活性化和荷爾蒙平衡的變化，進而削弱膀胱的屏障功能，可能因此引發膀胱炎。**

實際上曾有的突發性膀胱炎案例包括：家中有小孩或孫子出生、家庭成員增加、有人來訪、家附近開始施工、與同住的貓關係不好、同住的貓或狗過世、長時間獨自在家、隱藏的疾病如關節炎或腸胃問題引發疼痛以及頻繁就診等。各種環境或健康狀況的變化都有可能成為貓咪的壓力來源。

不僅是壓力，運動不足、肥胖、缺乏水分的飲食（僅吃乾飼料）、性別等因素也被認為與此有關。特別是缺乏運動且過於肥胖的年輕公貓，罹患此病的風險較高，因此需要多加注意。

尿路結石也非常常見，從幾公分大小的石頭狀結石到沙狀結石，種類繁多。這與貓咪的體質、飲食內容以及飲水不足等因素有關。有些飼主會注意到貓咪的尿液中閃閃發亮的顆粒，從而發現問題。

膀胱炎和尿路結石最需要注意的是，貓咪的尿道結構容易被結石或尿道栓子（由尿液中的死亡細胞、血液、結晶等凝結而成的物質）堵塞。一旦尿液無法排出，膀胱會脹得非常大，對腎臟造成嚴重損傷。如果這種情況持續，可能會導致尿毒症，甚至危及生命。

為了預防貓下泌尿道症候群的發生，重要的是讓貓咪的廁所環境舒適，減少貓咪的壓力源，鼓勵牠多喝水，增加遊玩的時間並避免讓牠變胖等。

貓咪的三種混合疫苗中不包含哪一項？

A 貓疱疹病毒

B 貓免疫缺陷病毒

C 貓卡里西病毒

隨著新型冠狀病毒感染症的大流行，我們的生活發生了巨大的變化，而在貓咪的世界中，也有各種危險的病毒蔓延。為了保護愛貓的生命，了解病毒和疫苗是非常重要的。

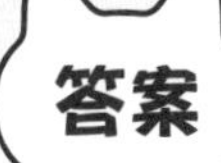

B 貓免疫缺陷病毒

貓咪的三合一疫苗不包含……

動物醫院寄來了明信片！
又到了每年疫苗接種的時期了～

NYANTOS老師的解說

接種三合一疫苗吧

為了保護愛貓免受危險病毒的侵害，最重要的是不要讓貓咪外出。然而即使是室內飼養，感染風險也不是零，有些病毒能夠在環境中存活，容易透過飼主的衣物或鞋子進入室內。

為了預防特別需要注意的貓泛白血球減少症、貓卡里西病毒和貓疱疹病毒需要接種三合一疫苗（核心疫苗）。

儘管疫苗對於保護愛貓免受病毒侵害是必需的，但也不是沒有缺點。一些貓咪可能會對疫苗產生副作用。事實上，我家的喵醬就曾經出現過副作用，接種疫苗後開始顫抖，臉部也迅速腫脹。幸運的是，透過立即注射藥物抑制副作用，得以避免更嚴重的問題，但這類風險越少越好。**為了應對這種萬一的情況，建議將疫苗接種安排在上午，以便及時前往醫院就診。**

雖然非常少見，但在接種疫苗的部位可能會發生「貓注射部位肉瘤」這種癌症。最近的研究還指出，年年接種疫苗有可能成為慢性腎臟病的風險因素。

基於這些背景，現在的趨勢是不再把每年接種疫苗當作理所當然，而是要正確評估每隻貓咪的感染風險，並避免不必要的疫苗接種。

根據WSAVA（世界小動物獸醫師協會）的指導方針，對於感染風險較低的貓咪，建議每三年接種一次核心疫苗。因此如果是單隻貓且完全在室內飼養，每三年接種一次疫苗通常是足夠的。

對於多隻貓飼養、外出、進出寵物酒店、飼主有與其他貓接觸的機會較多、過去曾患有貓感冒、感冒症狀復發、同住貓咪檢測為FeLV陽性等情況，則需要考慮每年接種疫苗或接種非核心疫苗（針對貓披衣菌、貓白血病病毒、貓免疫缺陷病毒的疫苗）。有關疫苗接種的頻率，應該充分了解愛貓的感染風險，並與負責的獸醫師充分商量後再做決定。

死亡率	主要的症狀與特徵
	這是貓感冒的原因之一，會出現打噴嚏、鼻水、發燒等感冒症狀，若病情惡化，還可能發展成肺炎。口腔炎或舌頭潰瘍也是特徵性症狀之一。即使症狀緩解，感染仍可能長期持續，並繼續排出病毒。
	這是貓感冒的原因之一，會出現打噴嚏、鼻水、發燒等感冒症狀，還可能出現眼周腫脹或眼屎。對於小貓來說，甚至可能導致死亡。一旦感染後，病毒無法完全從體內排除（潛伏感染）且容易復發。
死亡率非常高	貓泛白血球減少症的原病毒會引起腸胃炎和白血球減少，特別是在小貓中，致死率約為80％至90％。
死亡率很高	可能會發展成淋巴瘤或白血病等血液系腫瘤，一旦發病，死亡的機率很高。小貓特別容易感染，並且在多隻貓的生活環境中，與陽性貓玩耍或共享食器等行為可能會擴散感染。
	主要症狀包括眼屎、結膜炎和感冒症狀。如果與皰疹病毒或卡利西病毒同時感染，這些症狀可能會加重。
	也稱為貓愛滋，一旦發病，免疫力會下降，容易感染細菌或罹患癌症。潛伏期較長，有些貓在症狀出現之前就已經完成其生命週期。雖然有疫苗可供接種，但效果不是很好，並且在日本已經決定停售。

混合疫苗可預防的疾病

混合疫苗的種類			傳染病	感染路徑
5種	4種	3種	貓卡里西病毒	●當感染貓的分泌物（如眼屎、打噴嚏、鼻水）進入口腔或鼻腔時，就會發生感染。
5種	4種	3種	貓疱疹病毒（病毒性鼻氣管炎）	●當感染貓的分泌物（如眼屎、打噴嚏、鼻水）進入口腔或鼻腔時，就會發生感染。
5種	4種	3種	貓泛白血球減少症病毒	●當嘔吐物或糞便中的病毒進入口腔時會發生感染。 ※即使不直接接觸糞便，籠子、食器、飼料、毛毯等也可能成為感染途徑。
5種	4種		貓白血病病毒（FeLV）	●由母貓傳染 ●透過打架或交配感染 ●接觸感染（如共享食器或廁所、互相梳理毛髮等）
5種			貓披衣菌（細菌）	●當感染貓的分泌物（如眼屎、打噴嚏、鼻水）進入口腔或鼻腔時會發生感染。
FIV			貓免疫缺陷病毒（FIV）	●透過打架或交配感染

貓咪吐了！應該立即去醫院的危險嘔吐症狀是哪一種？

A 吃了食物後立刻嘔吐

B 短時間內反覆嘔吐多次

雖然貓咪經常會嘔吐，但也有可能是致命的危險嘔吐。「稍微觀察一下吧」這樣的想法可能會成為致命的錯誤，學會辨別貓咪發出的SOS信號吧。

答案

B 短時間內反覆嘔吐多次

應該立即去醫院的危險嘔吐症狀是……

NYANTOS老師的解說

應該立即去醫院的SOS信號

當感覺到愛貓有異常時，曾經多次經歷過「稍微觀察一下」反而成為致命關鍵的情況。能否守護愛貓的性命，全取決於飼主的判斷。以下的SOS信號是可能關係到性命的緊急情況，請務必牢記。

●**短時間內多次嘔吐**……異物卡在腸道中或因泌尿系疾病無法排尿、中毒等情況下，都有可能發生，並處於危及生命的狀態。

●**呼吸異常**……張口呼吸、坐著或趴著時伸長脖子並抬頭呼吸、在非運動後（如玩耍後）也出現鼻子抽動的呼吸狀態（觀察玩耍後的情況較容易理解）、胸部與腹部分別大幅度波動、全身用力呼吸或伴隨頭部上下晃動的呼吸、咳嗽（容易與嘔吐混淆，需注意）、舌頭或牙齦顏色不再是粉紅色而變為紫色（發紺）等情況，這可能表明心臟病惡化或胸腔、肺部積水的危險狀況。

●無法排尿或排尿困難……尿路結石或尿道栓子（由尿液中的死細胞、血液、結晶等凝結而成）堵塞尿道的情況（尿道閉塞），如果不處理會危及生命。反覆進出廁所、擺出排尿姿勢卻尿量很少、出現血尿、排尿時表現出痛苦或發出叫聲，這些都是典型的「尿道堵塞信號」。特別是公貓，因尿道非常狹窄，更容易發生堵塞，需格外留意。

●無法站立、後腿拖行、慘叫……這是貓主動脈血栓栓塞症的典型症狀。是一種由肥厚型心肌病（第218頁）等心臟病引起的血栓堵塞主動脈的疾病，死亡率高，極其危險。患者會像下半身癱瘓般，並伴隨劇烈的疼痛。由於心臟病的急劇惡化，也可能出現呼吸異常。由於血管阻塞，腳尖也可能會變冷。

貓咪感覺疼痛的跡象是什麼？

A 不願意跳上貓跳台

B 梳理毛髮的頻率減少

C 不再使用貓砂盆

貓咪出於本能會隱藏疼痛。因此當貓咪因關節炎、膀胱炎或口腔疾病等造成疼痛時，飼主可能會忽視貓咪表現出來的疼痛跡象……

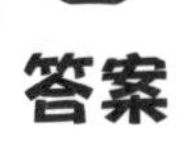

ABC 全部正確

貓咪感覺到身體疼痛的跡象是⋯

痛苦時的行為或表情

貓的痛苦信號包括以下幾種。**貓會本能地隱藏疼痛，因此平時要多加觀察。**

- ●貓不願意跳上貓跳台或家具（次數減少）
- ●從貓跳台或家具上跳下來變得困難（跌倒或看起來笨拙）
- ●不再經常玩耍或跑來跑去
- ●被觸碰或移動時發出聲音，變得具有攻擊性，耳朵向後傾斜
- ●過度舔舐、咬或抓撓身體的一部分
- ●相反地，毛髮梳理的頻率減少
- ●用不同的姿勢或在不同的地方睡覺
- ●眼神的變化（瞳孔擴大，表情呆滯，眼睛半閉）
- ●不再使用貓砂盆，進出貓砂盆變得困難，在其他地方排泄
- ●食慾減少

強烈的痛苦時，貓也可能會在表情上顯示出變化，就像人類會因為疼痛而皺起臉一樣。左側的圖是蒙特婁大學研究團隊製作的「貓科動物皺眉指數」（Feline Grimace Scale），這是一個評估貓咪疼痛表現的指標。

如果看到貓咪有疼痛的跡象，應立即諮詢專業的獸醫。切勿自行判斷並給予人用的止痛藥，這些藥物對貓咪來說可能具有很高的毒性，甚至可能導致死亡。

沒有感受到疼痛

- 耳朵向前
- 眼睛睜開
- 鼻部放鬆（圓形）
- 鬍鬚鬆弛且彎曲

感覺到疼痛

- 耳朵垂下或向外側
- 眼睛閉合
- 鼻部緊張（橢圓形）
- 鬍鬚直直地指向前方

貓咪的慢性腎臟病中哪一個說法是正確的？

A 容易出現初期症狀，容易在早期發現

B 幾乎沒有初期症狀，難以在早期發現

慢性腎臟病是貓最常見的疾病之一。有報告指出，10歲以上的貓約有40％患有此病。飼主及早發現和了解減少風險的方法是非常重要的。

B 幾乎沒有初期症狀，難以在早期發現

貓的慢性腎臟病是……

NYANTOS老師的解說

貓常見的慢性腎臟病，幾乎沒有初期症狀

慢性腎臟病是貓最常見的疾病之一，有報告指出，約40%的貓在10歲後會患上此病，而15歲以上的貓中約有80%患病。由於大多數貓都會發展成慢性腎臟病，因此這不僅僅是一種疾病，也可以看作是貓特有的老化現象之一。因此飼主了解貓的慢性腎臟病是非常重要的。

貓的慢性腎臟病被分為四個階段（第202頁）。**重要的是，貓的慢性腎臟病在腎臟功能剩餘三分之一前，幾乎不會出現症狀。也就是說，初期症狀非常少。**

當腎臟功能降到三分之一以下時，貓會開始排出大量稀薄的尿液，並且飲水量會增加。隨著病情進一步發展，貓可能會出現食慾減退、毛髮狀況變差、精神不佳、貧血、經常嘔吐等症狀。此時腎臟的功能已經降到剩餘四分之一以下。

為了及早發現慢性腎臟病，定期的健康檢查非常重要。特別是像SDMA和肌酸酐這類血液檢查項目，以及尿檢查（尿比重、是否有蛋白尿：UP／C）都非常有用。即使數值不高也不能掉以輕心，應該持續觀察是否有逐漸上升的情況，並且從時間序列上進行追蹤。

透過超音波檢查（回聲檢查）來觀察腎臟是否有異常也能讓人安心。早期發現並進行治療介入（如處方食品等）可以延緩病情的進展。

為了減少慢性腎臟病的風險，從年輕時期開始就要有意識地讓貓咪攝取足夠的水分。

有報告指出，牙周病（第174頁）會增加慢性腎臟病的風險。雖然這對於許多貓來說可能有些困難，但如果貓咪能夠接受，養成刷牙的習慣也能降低腎臟病的風險。同時，給予貓咪貓跳台或躲藏處，增加玩玩具的時間等，讓牠們過著無壓力的生活也非常重要。

眾所周知，包括百合科植物在內的多種植物對貓咪具有毒性。尤其是百合科植物，其腎毒性極高，只要啃咬花瓣或葉子，甚至喝了花瓶裡的水，都可能引發急性腎損傷，甚至導致死亡。因此請避免將這些植物帶入家中。

腎臟病的四個階段

	腎臟的機能	主要的症狀	檢查
Stage 1	腎臟剩餘功能 100~33%	●沒有	尿檢查或血液檢查出現輕微異常
Stage 2	腎臟剩餘功能 33~25%	●沒有或輕微症狀 ●飲水量增加 ●尿量增加	血液檢查和尿檢查出現異常
Stage 3	腎臟剩餘功能 25~10%	●食欲下降 ●毛髮變得粗糙 ●精神不振 ●貧血 ●經常嘔吐	血液檢查和尿檢查出現異常
Stage 4	腎臟剩餘功能 低於 10%以下		

NYANTOS 老師的一句話

最近，有研究發表指出「A-M」這種分子在貓體內無法正常運作，可能是引發慢性腎臟病的原因之一。包含能活化A-M作用成分的貓糧已經上市。

然而目前尚未證實這款貓糧的效果，且該貓糧未對磷進行限制，從營養學角度來看並不適合。因此現階段並不積極推薦。特別是如果已經在餵食處方食品，絕對不要隨意更換。這確實是非常有價值的研究成果，我們可以期待未來的研究與臨床試驗的成果。

NYANTOS 老師的一句話

前面提到牙周病與慢性腎臟病的風險有相互關聯，這裡再補充一些關於貓咪口腔健康的資訊。在動物醫院，較早階段可能會建議進行拔牙（特別是牙齦口炎的情況下，可能建議全口拔牙）。

這是因為解除疼痛、貓咪日常進行口腔護理的困難，以及即使沒有牙齒也不會對飲食造成很大影響等原因。雖然這可能讓人覺得可憐，但很多情況下，貓咪的食慾會恢復，並且變得比以前更活躍，因此請考慮對貓咪來說最佳的選擇。

貓的兩大死因之一是腎臟病。另一個是什麼呢？

A 癌症

B 心臟病

許多人可能知道貓咪容易罹患腎臟病。但與腎臟病並列的另一個常見死因，卻常常被忽視。您知道是什麼嗎？

Ⓐ 癌症

貓的兩大死因之一是……

NYANTOS老師的解說

癌症，是和腎臟病並列的貓咪主要死因

癌症作為腎臟病並列的主要死因之一，似乎並不為人所知。根據手術切除的癌組織進行的數據調查，**癌症的常見類型依次為：①乳癌、②淋巴瘤、③肥滿細胞瘤、④扁平上皮癌（頭頸部癌）、⑤纖維肉瘤**。然而，淋巴瘤通常不是通過手術而是通過化療進行治療。由於近年來絕育手術變得普遍，乳癌的發病率也有所下降，因此淋巴瘤可能仍然是最常見的死因。

淋巴瘤是一種血液癌症，由免疫細胞之一的淋巴球無序增殖所引起。**在貓中，特別常見的是發生在小腸或胃的「消化道型淋巴瘤」以及發生在鼻腔內的「鼻腔型淋巴瘤」。此外淋巴瘤還可能出現在腎臟或脊髓中。而對於感染了貓白血病病毒的貓咪，通常在2～4歲時容易出現「縱膈型淋巴瘤」（即胸腔內的淋巴瘤）。**

貓的淋巴瘤可以在各種不同的部位發生，但飼主應該記住的是，**絕大多數的**

淋巴瘤都是發生在體內，無法從外部看到。因此這種病症通常很難早期發現，等到發現時，往往已經發展到相當嚴重的程度。

為了早期發現，平時要注意體重管理，並仔細觀察貓咪的狀態。一旦發現以下異常情況，應及時帶貓咪去動物醫院檢查。

●1個月內體重減少了5～10%以上

●嘔吐或腹瀉增多（消化器型淋巴瘤的症狀）

●鼻子到眼睛或額頭有腫脹（鼻腔內型淋巴瘤會破壞鼻骨，導致臉部部分腫脹或變形）

●流鼻水、流鼻血、呼吸困難、打鼾等類似鼻炎的症狀（鼻腔內型淋巴瘤的症狀）

貓咪乳癌的正確說法是哪一個？

A 早期的絕育手術幾乎可以預防

B 絕育手術無法預防

乳癌是乳腺內發生的惡性腫瘤，被認為是貓咪癌症中與淋巴瘤同樣常見的癌症之一。由於進展迅速且危險，早期發現非常重要。

A 早期的絕育手術幾乎可以預防

關於貓咪的乳癌……

原來貓咪也會得乳癌啊。

人類女性中，乳癌也是最常見的癌症。

?

人類的乳癌或卵巢癌，

都跟女性荷爾蒙的量有相關聯。

這樣說起來，貓咪也是

跟女性荷爾蒙有關係嗎？

講到貓咪的荷爾蒙就想到絕育手術？

是不是早點絕育就比較不容易得相關的病呢？

? ? ?

喵！

NYANTOS老師的解說

透過早期的絕育手術可以降低乳癌的風險

貓的乳癌具有非常高的轉移率和復發率，是一種危險的癌症。如果在1歲之前接受絕育手術，乳癌的發病率會降低近90%，但如果沒有接受絕育手術的貓咪在成年後才接受手術，則容易罹患乳癌，因此需要特別注意。

特別是那些未能在適當時期接受絕育手術的貓咪，建議定期進行「乳癌檢查按摩」，以檢查是否有腫塊形成。

按摩的方法是從貓咪的乳房周圍開始，從腋下到後腿根部，用手仔細觸摸檢查。在貓咪心情愉快或想玩的時候進行，如果牠們中途不願意配合，就先暫停，下次再繼續。詳細方法請參考有關貓咪乳癌宣導的「貓粉

※貓粉紅絲帶運動　https://catribbon.jp/

紅絲帶運動」的官方網站。

對於準備迎接貓咪（特別是母貓）的人，建議與獸醫討論，選擇合適的時機進行絕育手術，並從小貓時期開始練習觸摸腹部，這樣會對未來的健康檢查有所幫助。

順帶一提，有趣的是，貓的乳腺（乳頭）數量存在相當大的個體差異。通常貓咪有4對乳腺，共8個，但也有些貓只有6個，甚至有些貓有超過10個。此外還有貓咪擁有7個或9個這樣奇數的情況。無論是母貓還是公貓都是一樣的。

據說在人類中，大約每十個人中就有一個人有副乳，因此貓咪之間有個體差異也是完全正常的。不過，貓咪乳頭數量的多樣性這麼大，還真是有趣呢！無論乳頭的數量多或少，對貓咪的健康都沒有任何問題。如果貓咪願意讓你檢查的話，不妨試著數一數吧！

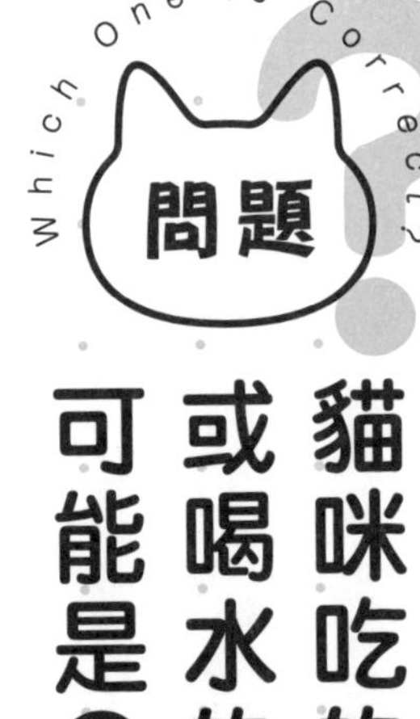

貓咪吃的量或喝水的量突然變多，可能是〇〇〇的徵兆？

A 心臟病

B 糖尿病

你是否覺得愛貓吃得很好，喝水也很多，這樣應該很安心呢？但事實上，這可能是某些疾病的信號……

B

糖尿病

當貓咪突然吃得多、喝得多，可能會有的疾病是……

NYANTOS老師的解說

飯量或喝水量突然增加，可能是某些疾病的徵兆……

有些人可能認為，貓咪吃得多、喝得多，是健康的象徵。然而，**貓的糖尿病是一種非常常見的疾病，典型症狀就是進食量和喝水量的增加。**糖尿病是一種由胰島素這種激素分泌減少或胰島素作用不良所引起的疾病，這使得糖分無法順利被作為能量吸收。因此身體會感到持續的能量不足，進而食慾增加，攝取更多的食物。當血糖上升時，腎臟會排出過多的水分，導致口渴，貓咪才會因此喝更多的水。

老年貓常見的甲狀腺功能亢進症（類似於人類的瀰漫性毒性甲狀腺腫）也是典型的病症之一，會導致食慾變得旺盛，並且喝很多水。甲狀腺功能亢進症是由於過量分泌「活力激素」——甲狀腺激素，所引起的疾病。症狀包括突然變得活躍不安、容易激動，甚至會出現夜間嗚叫或攻擊行為。

此外由於能量消耗增加，雖然貓咪會拚命吃飯，但體重卻不斷下降。其他症狀還包括毛髮質量變差、嘔吐和腹瀉等。可以想像成「因為荷爾蒙的影響，變得過度活躍，導致身體過度疲勞」。尿量也會增加，因此貓咪會感到口渴，並喝大量的水。

初期的慢性腎臟病也會導致尿量增加，因此貓咪會喝更多的水（第200頁）。

要及早發現這些疾病，定期測量體重非常重要。**如果貓咪食欲旺盛但卻逐漸消瘦，可能隱藏著某種疾病。如果發現貓咪喝水量增加，也應該觀察牠的尿量和尿液顏色。如果尿液顏色變淡，貓砂上的尿塊或寵物墊上的尿漬變大，就需要多加留意。**

這類疾病通常是先出現尿量增加，才會感覺到口渴。貓咪天生對口渴的感知較鈍，隨著年齡增長，這種感知會變得更加遲鈍，因此即使口渴，牠們也不一定會大量喝水。如果覺得有任何異常，應立即向您的獸醫師諮詢。

關於貓咪肥厚型心肌病，哪個是正確的呢？

A 純種貓較常見，混種貓發病率較低

B 年長的貓較常見，年輕貓發病率較低

肥厚型心肌病是一種心臟疾病，有可能引發「昨天還很健康，突然就……」的猝死風險。通過接受正確的治療可以延緩病情，因此定期健康檢查和早期發現非常重要。

兩個選項都不正確

關於貓的肥厚型心肌病發生情況……

貓的猝死原因中，肥厚型心肌病佔多數

貓咪突然去世的情況，其原因大多被認為是由於「肥厚型心肌病」這種心臟疾病引起的。肥厚型心肌病是指心臟的肌肉肥大，導致心臟的幫浦功能下降。可以想像成心臟變得過於結實，無法正常運作。

肥厚型心肌病在人類中每500人中有1人發病，但在貓咪中，即使看起來健康的貓，也有6～7隻中就有1隻可能患有這種疾病，顯示了這病的普遍性。此外有數據顯示，因心肌病去世的貓中，有15%的情況是突然死亡。

這種疾病的棘手之處在於，早期階段症狀不明顯，容易被忽視。隨著病情不知不覺地進展，心臟內可能會形成血栓，而這些血栓可能會突然堵塞血管，導致貓咪的死亡。

這種情況被稱為「貓主動脈血栓栓塞症」，尤其在貓咪中，常見於後腿的動脈堵塞，會突然出現痛苦的情況，並且像是腰部無力一樣。此外，肺部或胸腔積水會導致呼吸困難。一旦陷入這種狀態，情況便非常危險，原本健康的貓咪可能在一夜之間就會去世。

肥厚型心肌病被認為是美國短毛貓和緬因貓等純種貓中較常見的疾病，但即使是短毛的混種貓也有很高的發病率。

此外，這種疾病也常在年輕時發病。甚至在1歲以下的貓咪也有可能發病，因此任何貓咪都有發病的風險。

遺憾的是，肥厚型心肌病本身沒有治療方法，但可以透過及早發現並在觀察病情的同時開始使用減輕心臟負擔的藥物來延緩病情進展。有時候聽診或X光檢查中可能不會發現異常，因此可能會被忽略。建議定期接受健康檢查，如果有擔憂，可以進行心臟超聲檢查或血液檢查（NT-proBNP）。

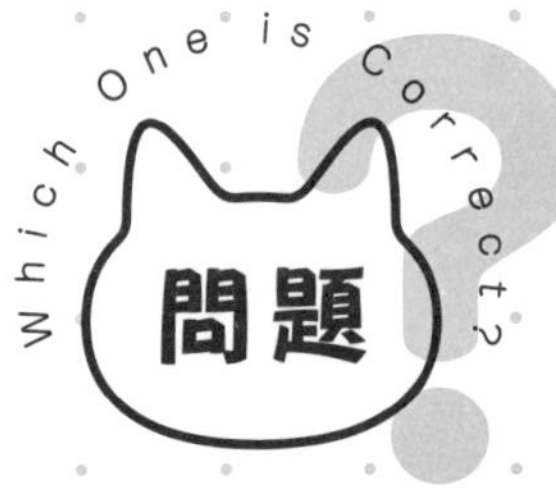

貓的失智症症狀是什麼？

Ⓐ 變得經常叫喚

Ⓑ 在廁所以外的地方小便或大便

近年來，由於獸醫治療和貓糧的進步，貓咪的壽命因此變長，導致患上失智症（認知功能障礙症候群）的貓咪增多。飼主了解主要症狀是很重要的。

A和B兩個都是正確的

貓的失智症常見症狀有……

貓咪也有失智症

二〇二一年，愛丁堡大學的研究團隊將貓的失智症主要症狀分為八類。這些分類的英文字母首字母組成了「VISHDAAL」這個名稱。

①過度鳴叫（Vocalization）……會變得常常鳴叫（特別是在夜間）。這是非常常見的症狀。

②社交性變化（Interaction changes）……變得過度依賴飼主，表現出撒嬌的行為；反之，可能會變得冷漠，愛的行為減少，甚至變得具攻擊性。

③睡眠／清醒週期變化（Sleep/wake cycle changes）……睡眠週期發生變化，夜間一直保持清醒，或者白天比以前更頻繁地睡覺。

④不適當排尿（House soiling）……在廁所以外的地方排尿或排便。

⑤定向力障礙（Disorientation）……不知道自己所在的地方或想去的地方，呆呆地盯著牆壁或空間，跑進家具的縫隙中、找不到食物等情況。

⑥活動量變化（Activity changes）……開始徘徊，靜止不動的情況增多，

過度梳理毛髮或反而不怎麼梳理，對食物、玩耍不再表現出興趣等。

⑦**焦慮（Anxiety）**……變得害怕某些地方或人、變得無法冷靜下來。

⑧**學習與記憶力下降（Learning and memory）**……忘記曾經吃過飯等。

如果出現這些症狀，則可能意味著貓的認知功能正在下降。現有的獸醫技術無法完全治癒失智症。為了盡量減少失智症的發生，從年輕時開始為貓創造能夠刺激其本能的環境非常重要。可以設置攀爬和藏身的地方，並每天安排短時間的遊戲時光，或者引入益智玩具等方法來進行調整。

此外希爾思和Purina普瑞納等品牌，也正在研究對貓的認知功能維持有效的營養成分，並使用已被證實有效的抗氧化物質和魚油等。如果貓沒有其他需要特殊療法的疾病，便可以考慮給予這些食品。

結語

感謝您拿起本書並閱讀。
首先，我想對您表示感謝。

我，NYANTOS，
本來是一名在動物醫院實際進行治療的臨床獸醫師，
但我現在作為研究員，專注於癌症等難治性疾病的研究。
我最初工作的醫學大學是所謂的二級醫院，
專門治療普通動物醫院無法治癒的疾病，
算是最後的防線。
在那裡聚集了各個領域的專家，
但我仍然目睹了許多無法治癒的疾病。
因此，我產生了「希望能用研究的力量改變這一切！」的想法，
決定走上研究者的道路。

雖然我應該專注於無法治癒的貓咪研究，
但我之所以會在社交媒體上開始發佈訊息，
是因為發現有很多貓咪，
因可治癒的疾病或本來可以避免的事故喪命，
這讓我感到強烈的矛盾。
研究創新的治療方法固然重要，
但我在臨床現場深刻感受到，
「擁有正確的知識就能拯救許多生命」。
然而，飼主們接觸專業知識的機會卻很少，
如果能稍微增加這樣的機會的話……
於是我開始在社交媒體上傳達相關知識。
現在，結合X（舊Twitter）和Instagram，
我獲得了約14萬位飼主的關注，

並且開始收到一些反饋，

如「多虧了NYANTOS醫師，我才能及早發現疾病」。

因此，我也出版了這樣的書籍，

真的覺得從事這工作是非常值得的。

現在我還是半個研究者，

仍在修業中，

但未來我希望能夠建立一個專門研究貓咪各種疾病的實驗室。

到那時，我希望能與讀過這本書的讀者，

以及在社交媒體上關注我的飼主們一起進行研究。

但我真的沒想到粉絲增加的速度這麼快，

我還未能達到研究者的水平，

可能還需要一段時間才能實現……（笑）。

我將持續發佈更多，
能讓貓咪和飼主的生活更加快樂和豐富的訊息！
同時我也會在本業持續努力，期待能帶給大家好消息。

二〇二三年九月　獸醫ＮＹＡＮＴＯＳ

關鍵字索引

七劃

八劃

九劃

十劃

英數

一劃

二劃

三劃

四劃

五劃

六劃

参考文獻

P12 Kennedy AJ, White JD. Feline ureteral obstruction: a case-control study of risk factors (2016-2019). J Feline Med Surg. 2022;24: 298-303.

Gawor JP, Reiter AM, Jodkowska K, Kurski G, Wojtacki MP, Kurek A. Influence of diet on oral health in cats and dogs. J Nutr. 2006;136: 2021S-2023S.

Finch NC, Syme HM, Elliott J. Risk Factors for Development of Chronic Kidney Disease in Cats. J Vet Intern Med. 2016;30: 602-610.

P16 Burdett SW, Mansilla WD, Shoveller AK. Many Canadian dog and cat foods fail to comply with the guaranteed analyses reported on packages. Can Vet J. 2018;59: 1181-1186.

P28 Wilson C, Bain M, DePorter T, Beck A, Grassi V, Landsberg G. Owner observations regarding cat scratching behavior: an internet-based survey. J Feline Med Surg. 2016;18: 791-797.

P32 Slovak JE, Foster TE. Evaluation of whisker stress in cats. J Feline Med Surg. 2021;23: 389-392.

P36 https://www.lion-pet.co.jp/catsuna/nekotoilet/

P44 Ellis SLH, Rodan I, Carney HC, Heath S, Rochlitz I, Shearburn LD, et al. AAFP and ISFM feline environmental needs guidelines. J Feline Med Surg. 2013;15: 219-230.

P48 Pratsch L, Mohr N, Palme R, Rost J, Troxler J, Arhant C. Carrier training cats reduces stress on transport to a veterinary practice. Appl Anim Behav Sci. 2018;206: 64-74.

P52 Mystery solved? Why cats eat grass. Plants & Animals. Science. (https://www.science.org/content/article/mystery-solved-why-cats-eat-grass)

P56 Yamada R, Kuze-Arata S, Kiyokawa Y, Takeuchi Y. Prevalence of 17 feline behavioral problems and relevant factors of each behavior in Japan. J Vet Med Sci. 2020;82:272-278.

P60 Cudney SE, Wayne A, Rozanski EA. Clothes dryer-induced heat stroke in three cats. J Vet Emerg Crit Care. 2021;31: 800-805.

Oxley J, Montrose T, Others. High-rise syndrome in cats. Veterinary Times. 2016;26: 10-12.

P72 Rand JS, Kinnaird E, Baglioni A, Blackshaw J, Priest J. Acute stress hyperglycemia in cats is associated with struggling and increased concentrations of lactate and norepinephrine. J Vet Intern Med. 2002;16: 123-132.

P82 Finstad JB, Rozanski EA, Cooper ES. Association between the COVID-19 global pandemic and the prevalence of cats presenting with urethral obstruction at two university veterinary emergency rooms. J Feline Med Surg. 2023;25: 1098612X221149377.

P82 Haywood C, Ripari L, Puzzo J, Foreman-Worsley R, Finka LR. Providing Humans With Practical, Best Practice Handling Guidelines During Human-Cat Interactions Increases Cats' Affiliative Behaviour and Reduces Aggression and Signs of Conflict. Front Vet Sci. 2021;8: 714143.

P90 Soennichsen S, Chamove AS. Responses of cats to petting by humans. Anthrozoös. 2002;15: 258-265.

Ellis SLH, Thompson H, Guijarro C, Zulch HE. The influence of body region, handler familiarity and order of region handled on the domestic cat' s response to being stroked. Appl Anim Behav Sci. 2015;173: 60-67.

P94 荒井ら，店舗用BGMに最適な新規リラクゼーション音源の探索：猫のゴロゴロ音についての初期検討，情報処理学会研究報告（2019）

McComb K, Taylor AM, Wilson C, Charlton BD. The cry embedded within the purr. Curr Biol. 2009;19: R507-8.

P112 Saito A, Shinozuka K, Ito Y, Hasegawa T. Domestic cats (Felis catus) discriminate their names from other words. Sci Rep. 2019;9: 5394.

Takagi S, Saito A, Arahori M, Chijiiwa H, Koyasu H, Nagasawa M, et al. Cats learn the names of their friend cats in their daily lives. Sci Rep. 2022;12: 6155.

McDowell LJ, Wells DL, Hepper PG. Lateralization of spontaneous behaviours in the domestic cat, Felis silvestris. Anim Behav. 2018;135: 37-43.

P120 Buckley LA, Arrandale L. The use of hides to reduce acute stress in the newly hospitalised domestic cat (Felis sylvestris catus). Veterinary Nursing Journal. 2017;32: 129-132.

van der Leij WJR, Selman LDAM, Vernooij JCM, Vinke CM. The effect of a hiding box on stress levels and body weight in Dutch shelter cats; a randomized controlled trial. PLoS One. 2019;14: e0223492.

Smith GE, Chouinard PA, Byosiere S-E. If I fits I sits: A citizen science investigation into illusory contour susceptibility in domestic cats (Felis silvestris catus). Appl Anim Behav Sci. 2021;240: 105338.

P132 McGowan RTS, Ellis JJ, Bensky MK, Martin F. The ins and outs of the litter box: A detailed ethogram of cat elimination behavior in two contrasting environments. Appl Anim Behav Sci. 2017;194: 67-78.

P136 Takagi S, Arahori M, Chijiiwa H, Tsuzuki M, Hataji Y, Fujita K. There' s no ball without noise: cats' prediction of an object from noise. Anim Cogn. 2016;19: 1043-1047.

P144 Douglas RH, Jeffery G. The spectral transmission of ocular media suggests ultraviolet sensitivity is widespread among mammals. Proc Biol Sci. 2014;281: 20132995.

P164 Edney ATB. Feeding behaviour and preference in cats. FAB Bulletin. 1973.

P172 Finch NC, Syme HM, Elliott J. Risk Factors for Development of Chronic Kidney Disease in Cats. J Vet Intern Med. 2016;30: 602-610.

P176 Benjamin SE, Drobatz KJ. Retrospective evaluation of risk factors and treatment outcome predictors in cats presenting to the emergency room for constipation. J Feline Med Surg. 2020;22: 153-160.

P184 WSAVA 犬と猫のワクチネーションガイドライン

P194 Evangelista MC, Watanabe R, Leung VSY, Monteiro BP, O' Toole E, Pang DSJ, et al. Facial expressions of pain in cats: the development and validation of a Feline Grimace Scale. Sci Rep. 2019;9: 19128.

Steagall PV, Robertson S, Simon B, Warne LN, Shilo-Benjamini Y, Taylor S. 2022 ISFM Consensus Guidelines on the Management of Acute Pain in Cats. J Feline Med Surg. 2022;24: 4-30.

P198 Marino CL, Lascelles BDX, Vaden SL, Gruen ME, Marks SL. Prevalence and classification of chronic kidney disease in cats randomly selected from four age groups and in cats recruited for degenerative joint disease studies. J Feline Med Surg. 2014;16: 465-472.

Sugisawa R, Hiramoto E, Matsuoka S, Iwai S, Takai R, Yamazaki T, et al. Impact of feline AIM on the susceptibility of cats to renal disease. Sci Rep. 2016;6: 35251. doi:10.1038/srep35251

P204 Veterinary Oncology No.8 病理組織検査から得られた猫の疾患鑑別診断リスト2015, Interzoo, 2015

P208 Overley B, Shofer FS, Goldschmidt MH, Sherer D, Sorenmo KU. Association between ovarihysterectomy and feline mammary carcinoma. J Vet Intern Med. 2005;19: 560-563.

P216 Paige CF, Abbott JA, Elvinger F, et al. Prevalence of cardiomyopathy in apparently healthy cats. J Am Vet Med Assoc. 2009;234:1398-1403.

Payne JR, Brodbelt DC, Fuentes VF. Cardiomyopathy prevalence in 780 apparently healthy cats in rehoming centres (the CatScan study). J Vet Cardiol. 2015;17 Suppl 1:S244-257.

Payne JR, Borgeat K, Brodbelt DC, et al. Risk factors associated with sudden death vs. congestive heart failure or arterial thromboembolism in cats with hypertrophic cardiomyopathy. J Vet Cardiol. 2015;17 Suppl 1:S318-328.

P220 Sordo L, Gunn-Moore DA. Cognitive Dysfunction in Cats: Update on Neuropathological and Behavioural Changes Plus Clinical Management. Vet Rec. 2021;188: e3.

NYANTOS老師的推薦商品

將為您介紹一些NYANTOS老師家中也愛用的商品，例如飼料、廁所用品、玩具、護理用品等。

完美消化 雞肉大麥及全燕麥特調食譜

Hill's（希爾思）

這是一家受到許多獸醫信任的大型製造商。該公司推出了針對特定健康需求的產品，例如著重於腸道微生物群健康的「完美消化系列」。但濕食品項不再單包販售的情況，讓人覺得有點可惜。

Royal Canin（法國皇家）

Royal Canin Japan

這是一家基於科學依據開發飼料的製造商，受到許多獸醫的信任。Royal Canin的特點是產品種類非常多，雖然不是單獨包裝是一個缺點，但除了乾飼料外，濕食的選擇也很多，方便進行混合餵食。

CIAO 啾嚕肉泥

伊納寶寵物食品

大家都愛的CIAO啾嚕肉泥！約90%的成分是水分，每條約7大卡，熱量容易控制。我也會把牠用溫水稀釋後餵食我家喵醬，作為補充水分的輔助，非常好用！

Purina ONE Cat

Nestle Purina 寵物護理

Purina ONE的優點是性價比高，提供健康功能性乾飼料及相應的濕食，適合混合餵食。此外單獨包裝的設計也能保持新鮮的風味，令人滿意。

Greenies 健綠貓咪潔牙餅

Greenies™

這款潔牙零食也獲得了美國獸醫口腔衛生協會（VOHC）的認證。作為零食，同時滿足了綜合營養食品的標準，有多種口味，可以根據愛貓的喜好進行選擇。與益智玩具搭配使用效果更佳！

Purina Dentalife 貓咪牙齒護理點心

Nestle Purina 寵物護理

這是一款獲得美國獸醫口腔衛生協會（VOHC）認可的牙齒護理點心。通過酥脆的咀嚼，可以控制牙石的積累。建議與益智玩具搭配使用。

Mega Tray

OFT

這是一款尺寸較大的貓砂盆，寬48cm，深65cm。相比其他貓砂盆，牠的深度較深，能有效防止貓砂飛散。使用專用內襯的話，更換貓砂變得非常簡便，這也是其一大特點。

貓砂

除臭貓砂

LION PET

考慮到價格，這款是性價比第一的貓砂。雖然是礦物類，但因為是顆粒型，相對來說灰塵較少，使用起來比較安心。還可以在超市購買，非常方便。如果不知道該選哪款貓砂，不妨先試試這款。同系列的「大小便都不會有味道除臭袋」也同樣推薦使用。

廁所

不臭便便袋

BOS

這是我家愛用的袋子。即使把便便或貓砂放進去，也完全沒有臭味。100元商店的類似商品或用來裝尿布袋的袋子，時間一長就會開始漏出氣味，所以雖然價格稍高，但還是推薦使用。

廁所

獸醫師開發的
專用除臭貓砂盆

LION PET

這款貓砂盆是由專門研究貓咪的獸醫師服部幸監製。通過刻意縮小深度，讓貓咪在排泄時朝向側面，融入了多項從獸醫視角出發的細節設計，非常貼心。

玩具

製冰托盤

這是在百元商店能買到的性價比超高玩具。可以將零食或乾糧放進裡面，當作「貓用益智玩具」來使用，讓貓咪用手取出來玩。如果托盤滑動的話，飼主可以幫忙按住，這樣會更容易拿出來。對於靈活的貓咪來說，滑動可能反而更具挑戰性。

玩具

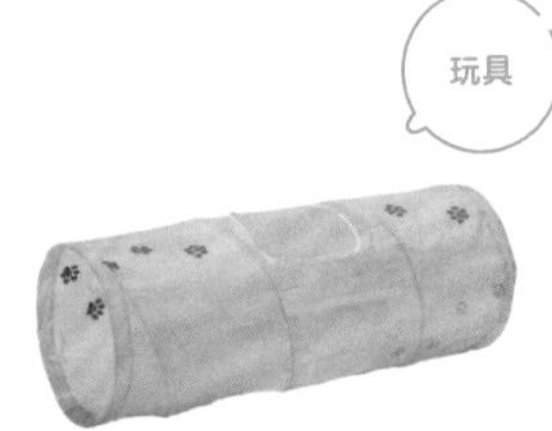

貓隧道

貓壹

這是一款可以隱藏、跳躍等多種玩法的玩具。發出沙沙聲音也是貓咪喜愛的亮點。不過，有時候會玩得非常激烈，讓人後悔買了這個玩具。如果搭配逗貓棒使用，還能重現貓咪本能中的「隱藏伏擊狩獵風格」的遊戲。

食器

貓用 高腳食碗 標準尺寸

貓壹

這是一款瓷製的高腳食碗，特別推薦給年長的貓或是容易在吃完飯後嘔吐的貓。除了標準尺寸，還有大尺寸、淺口寬型和斜口型等多種選擇，可以根據愛貓的體型和喜好挑選。碗邊設計有凸緣，防止食物灑出，底部有矽膠套能防止碗倒下，這些貼心的細節設計對貓咪非常友好，非常棒！

玩具

零食玩具

3COINS

這是一款稱為「零食球」的益智玩具，滾動時會掉出零食。取出口的開口大小可以調整，因此可以根據愛貓的靈活度來調整難度。價格也很便宜，推薦給大家。

Cat Cellar

furnya

由我，NYANTOS 監修的強化紙板製貓咪家具。以「將貓咪喜愛的所有功能集中於一處」為概念，可以用作貓抓板、藏身之處或午睡的地方。所有部件皆可拆卸，還可以翻轉或更換成新的。作為室內裝飾也非常時尚。

無壓力地輕鬆切割的貓用指甲剪

貓壹

正如其名，這款指甲剪注重切割性能，可以輕鬆地切斷。手柄部分經過防滑處理，刀刃部位設計得較薄，方便主人清楚看到貓的指甲，讓使用變得更加便利。特別適合覺得使用鉗型指甲剪不方便的主人。

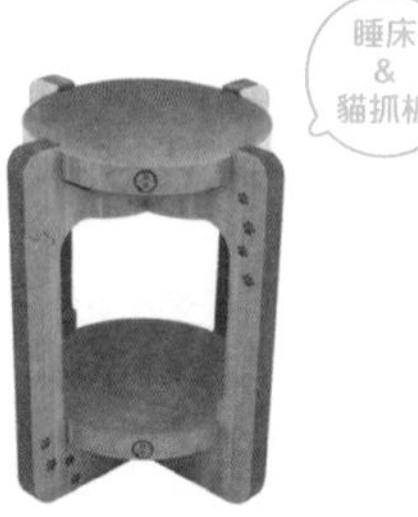

抓抓塔

貓壹

這是一款非常受歡迎的產品，我們家也在使用的貓抓板和睡床。我家喵醬把上層當作床，下層則用來抓爪。抓爪的部分可以更換成新品，所以可以長時間使用。單獨的貓抓盆也很推薦。

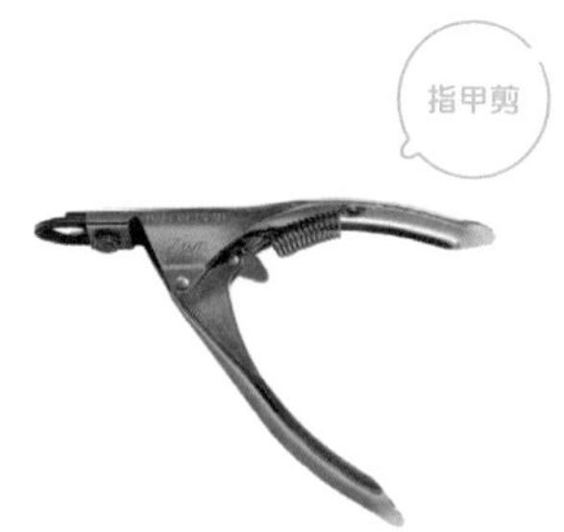

寵物用指甲剪Zan鉗型

廣田工具製作所

這是一款鉗型的指甲剪。剛開始使用時可能會有點難上手，但可以快速、輕鬆地剪切，有助於減輕討厭剪指甲的貓咪的壓力。鉗型的指甲剪在動物醫院中也經常使用。

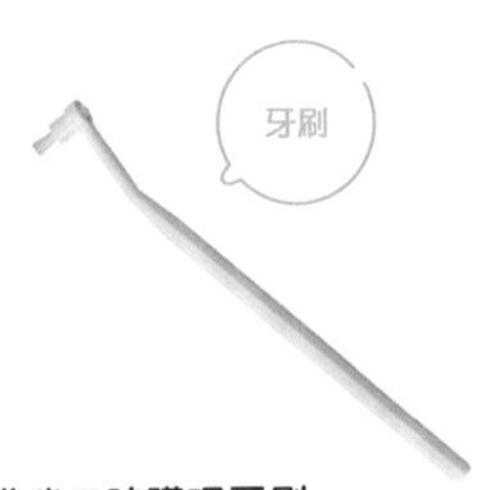

貓咪口腔護理牙刷

Mind Up

與人類的牙刷相比，這款牙刷的刷頭較細，使用時更方便。此外，刷頭與手柄的傾斜角度為15度，使得使用更加容易。刷頭還可以拆卸，根據安裝方向可以調整為兩種角度，設計非常實用！

Furminator

Furminator

這款刷子因能大量去除掉毛而受到廣泛關注。我家也在使用。這是一款稍微特殊的刷子，採用不鏽鋼刀片來捕捉掉毛，但在新設計中增加了保護裝置，以防刀片刺入皮膚，使使用更加安全方便。不過建議每次使用約5分鐘即可。

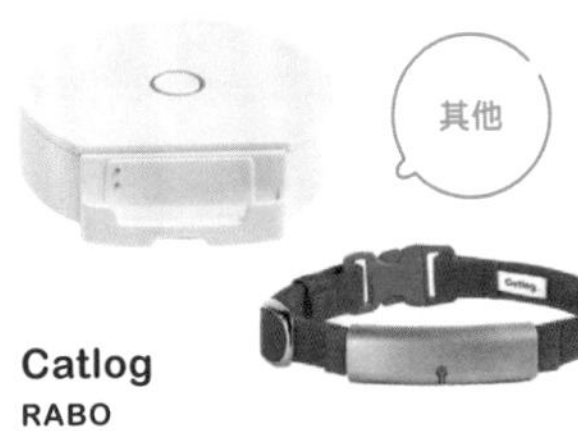

Catlog

RABO

這是一款能自動記錄愛貓行為的智能項圈。牠可以追踪睡眠時間、進食情況和毛髮梳理的次數，非常實用。同系列的Catlog board還能記錄排便次數和體重。我家也在使用，發現飼主在家時，貓咪的睡眠時間會變短，不禁讓我思考「牠是在等我起床嗎？」等有趣的新發現！

硬式外出籠S

Richell

我推薦這款用於去動物醫院的籠子。牠的結構非常堅固且耐用，從上方和側面都可以打開，方便取出貓咪，減少處理時的壓力。平時可以將門拆掉放在室內，讓貓咪適應。

其他

聚丙烯堅固收納盒

無印良品

最適合用來整理貓糧和玩具。蓋子的兩端設有鎖，因此即使是聰明靈巧的貓咪也很難打開。我家也在使用，所有的貓咪用品都存放在這個盒子裡。

其他

旋轉式家庭安全防護 Wi-Fi 攝影機 Tapo C200

TP-Link

這是一款可在水平方向上旋轉360°、在垂直方向上傾斜114°的監控攝影機。透過Wi-Fi連接，您可以隨時透過手機專用應用程式查看愛貓的狀況。牠還配備夜視攝像頭，即使在夜間也清晰可見。此外還具備錄影功能和動作檢測等多種功能。我們家也在使用這款產品。

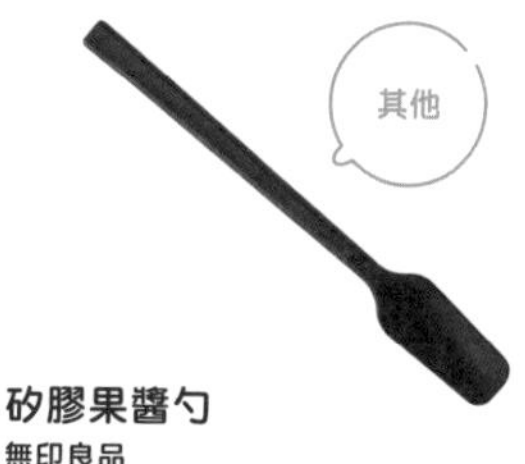

其他

矽膠果醬勺

無印良品

這款勺子非常適合用於袋裝的濕食。柄部較長，能在不弄髒手的情況下，輕鬆地將食物挖取乾淨，使用起來非常方便。與Royal Canin和Purina One的袋裝食品相容性很好！

獸醫NYANTOS

畢業於國立大學獸醫學系，累積臨床經驗後，取得獸醫學博士學位。現任研究所之研究員，從事難治性疾病的基礎研究。在社群平台上，主要發佈有關貓咪健康、生活和疾病的主題。著有《為貓咪打造幸福生活的「貓奴」養成指南》。

X（前Twitter）：@nyantostos

Instagram：@nyantostos

部落格：「僕人的教科書」https://nyantos.com/

OKIEIKO

插畫家。以「無法拋下貓咪去死的問題」為人生課題，創想了貓咪幫助手冊。株式会社nancoco代表。著作有關於保護貓的散文集《ねこ活はじめました》（KADOKAWA）等。

X（前Twitter）：@oki_soroe

設計
あんバターオフィス

解說插畫
小針卓己（Sugar）

照片
畔柳純子
（おすすめ商品の一部）

編輯
田中悠香

どっちが正しい？ 幸せになるねこ暮らし
DOCCHI GA TADASHII ? SHIAWSAE NI NARU NEKO GURASHI

哪一個才正確？
幸福貓咪就要這樣養！

出　　版／楓葉社文化事業有限公司
地　　址／新北市板橋區信義路163巷3號10樓
郵 政 劃 撥／19907596　楓書坊文化出版社
網　　址／www.maplebook.com.tw
電　　話／02-2957-6096
傳　　真／02-2957-6435
作　　者／獸醫NYANTOS
漫　　畫／OKIEIKO
翻　　譯／邱佳葳
責 任 編 輯／陳亭安
內 文 排 版／楊亞容
港 澳 經 銷／泛華發行代理有限公司
定　　價／380元
出 版 日 期／2025年1月

國家圖書館出版品預行編目資料

哪一個才正確？幸福貓咪就要這樣養！ / 獸醫NYANTOS作 ; 邱佳葳譯. -- 初版. -- 新北市 : 楓葉社文化事業有限公司, 2025.1

面；　公分

ISBN 978-986-370-758-5（平裝）

1. 貓 2. 寵物飼養 3. 問題集

437.364022　　113018368